一冊に凝縮
Compact Edition

Windows 11

手軽に学べて、
今すぐ役立つ。の **基本が**
学べる
教科書

青木志保

JN196259

≡ SB Creative

▓ 本書に関するお問い合わせ

　この度は小社書籍をご購入いただき誠にありがとうございます。小社では本書の内容に関するご質問を受け付けております。本書を読み進めていただきます中でご不明な箇所がございましたらお問い合わせください。なお、ご質問の前に小社Webサイトで「正誤表」をご確認ください。最新の正誤情報を下記Webページに掲載しております。

本書サポートページ

https://isbn2.sbcr.jp/30560/

上記ページの「サポート情報」をクリックし、「正誤情報」のリンクからご確認ください。なお、正誤情報がない場合は、リンクは用意されていません。

ご質問送付先
ご質問については下記のいずれかの方法をご利用ください。

Webページより

上記サポートページ内にある「お問い合わせ」をクリックしていただき、メールフォームの要綱に従ってご質問をご記入の上、送信してください。

郵送

郵送の場合は下記までお願いいたします。
　〒105-0001
　東京都港区虎ノ門2-2-1
　SBクリエイティブ　読者サポート係

はじめに

本書は、Windowsの操作に不慣れな方や、あらためてパソコンの基本操作を学びたい初心者のためのガイドブックです。はじめてパソコンを使いはじめる方でも理解できるように、実際の操作手順と画面を用いてやさしく丁寧に解説しています。

第1章のパソコンの初期設定からはじまり、アプリの起動/終了や文字の入力モードの切り替えなど基本的な操作、ファイルやデータの管理、インターネットの利用、メールの作成など、各章でテーマごとに1つひとつのレッスンを順番に解説しています。

また、Windows 11で標準搭載された、話題のAI機能である「Copilot」に関しては、第6章で紹介しています。画像生成や文章の要約、Windowsの操作アシストなどができ、今まで時間がかかった作業を手間なく終えることができます。

第7章では、従来のOutlookを使用して、メールの送受信、連絡先の登録、署名の設定方法などを学べます。Windows 11にあらかじめインストールされているメールアプリのため、すぐに利用を開始できます。社内外の人たちと、円滑にコミュニケーションが取れる連絡手段です。

本書解説が、自信を持ってパソコンを使いこなせるようになるきっかけとなり、日ごろパソコンを使われるユーザーの皆様の一助になれば幸いです。

2024年9月
青木 志保

ご購入・ご利用の前に必ずお読みください

- 本書では、2024年8月現在の情報に基づき、Windowsについての解説を行っています。
- 画面および操作手順の説明には、以下の環境を利用しています。Windowsのバージョンによっては異なる部分があります。あらかじめご了承ください。
  - ・パソコン：Windows 11
- 本書の発行後、Windowsがアップデートされた際に、一部の機能や画面、操作手順が変更になる可能性があります。あらかじめご了承ください。

本書の使い方

本書は、日々の仕事に必要なWindowsの操作を手軽に学習することを目指した入門書です。86のレッスンを順番に行っていくことで、Windowsの基本がしっかり身につくように構成されています。

紙面の見方

セクション
本書は7章で構成されています。レッスンは1章から通し番号が振られています。

Section
10

ウィンドウの位置やサイズを変更する

デスクトップ上に表示するウィンドウの位置は、ドラッグすることで簡単に変えられます。また、見やすいように好みのサイズに変更したり一気に最小化/最大化したりすることもできます。

手順
レッスンで行う操作手順を示しています。画面と説明を見ながら、実際に操作を行ってください。

ウィンドウの位置を変更する

ウィンドウ上部のバーをクリックし、移動したい方向にドラッグします。

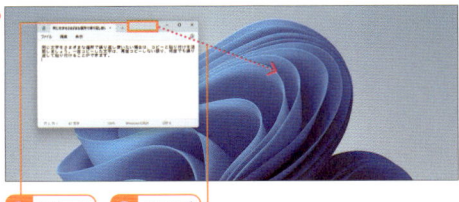

ウィンドウが移動します。

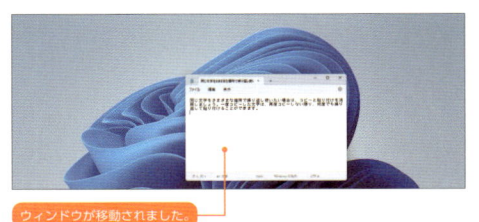

ウィンドウが移動されました。

34

やさしい！	はじめての人でも理解できるように、やさしく丁寧にWindowsの操作や設定方法を解説していきます。
手軽に学べる！	ほどよいボリュームとコンパクトな紙面で、必要な知識を手軽に学ぶことができます。
仕事に役立つ！	日常的にWindowsを利用する人のニーズを研究し、今すぐ仕事に役立つ知識を集めました。

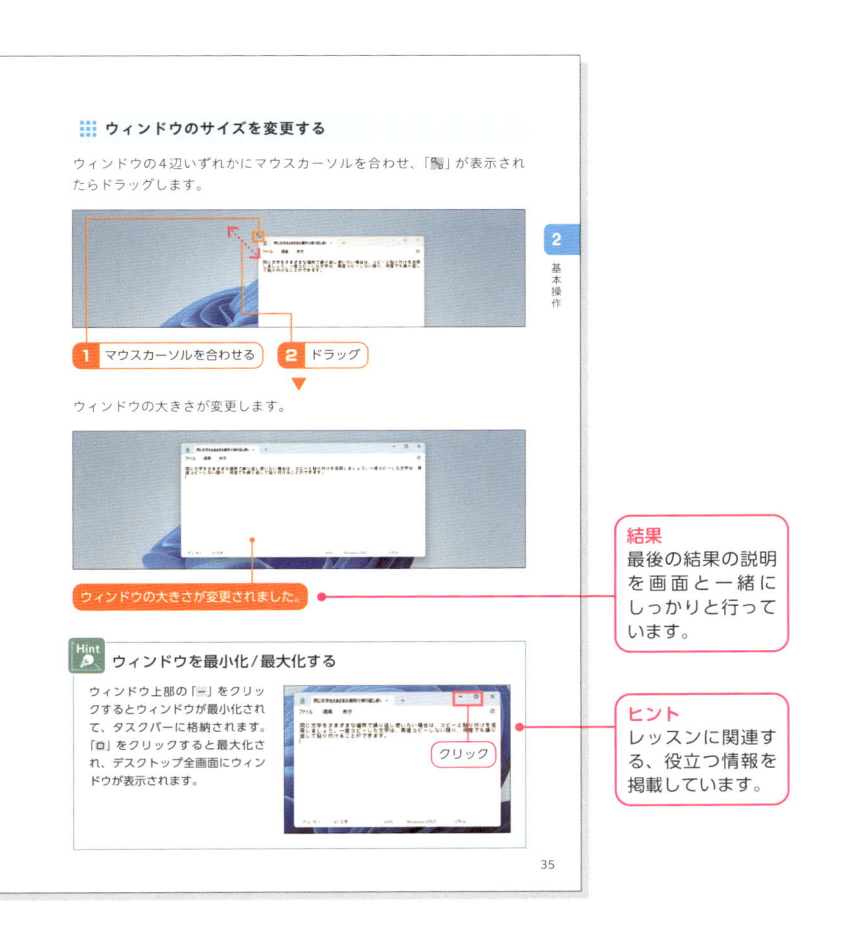

⠿ ウィンドウのサイズを変更する

ウィンドウの4辺いずれかにマウスカーソルを合わせ、「⤡」が表示されたらドラッグします。

1 マウスカーソルを合わせる　**2** ドラッグ

ウィンドウの大きさが変更します。

ウィンドウの大きさが変更されました。

結果
最後の結果の説明を画面と一緒にしっかりと行っています。

Hint ウィンドウを最小化／最大化する

ウィンドウ上部の「－」をクリックするとウィンドウが最小化されて、タスクバーに格納されます。「☐」をクリックすると最大化され、デスクトップ全画面にウィンドウが表示されます。

クリック

ヒント
レッスンに関連する、役立つ情報を掲載しています。

35

目次 contents

第1章 初期設定

第2章 基本操作

目次 contents

目次 contents

第**7**章 メール（Outlook）

第 1 章

初期設定

Windowsとは

まずはWindowsで何をすることができるのかを確認しましょう。ファイルやフォルダーの管理、編集から、Webブラウザーを使用したネット検索やWebページの閲覧、メールのやり取りなども行うことができます。

▦ Windowsでできること

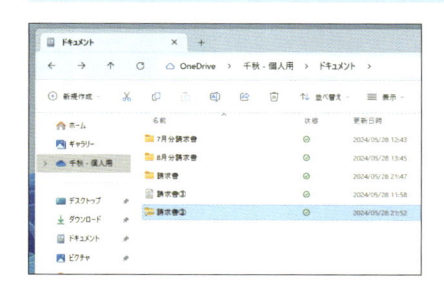

エクスプローラーに保存しているWordやExcel、PowerPointなどのファイルを開いたり、コピーや移動、フォルダーを作成してデータを整理できます。

インターネットに接続すれば、Webブラウザーで情報を検索できます。Webページを翻訳する、印刷する、ダウンロードするなどといった操作も行えます。

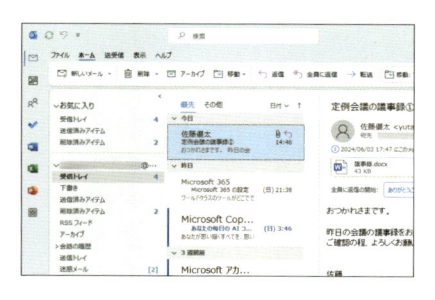

本書では、「Outlook」についても解説しています。メールの作成はもちろんのこと、連絡先を作成してそこからメールを送信したり、スケジュールを作成したりすることもできます。

::: Windows の画面

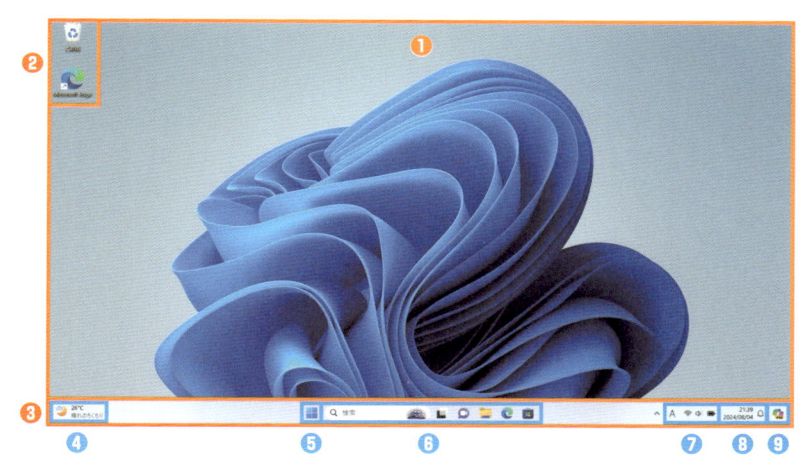

❶「デスクトップ」です。パソコン（Windows）を起動したら最初に表示される画面で、アプリのアイコンやウィンドウ、画像などを表示できます。また、デスクトップ上にファイルを保存することもできます。

❷「ショートカット」です。アプリやフォルダーなどのアイコンが表示されていて、ダブルクリックすると対応するアプリやフォルダーなどが起動します。

❸「タスクバー」です。起動中のアプリや開いているフォルダー、ピン留めしたアプリのアイコンなどが表示されます。通知や簡単な設定を行えます。

❹「ウィジェット」です。天気予報やカレンダー、ニュースなどの情報を表示することができます。

❺「スタート」ボタンです。スタートメニューにアクセスし、アプリを探したりパソコンの電源を操作したりできます。

❻タスクバーにピン留めされたアプリです。追加や削除してカスタマイズできます。

❼「クイック設定」です。パソコンのネットワークや音量、バッテリーの設定ができます。

❽「通知センター」です。通知や日付、時間の確認ができる他、「クロック」アプリのフォーカスセッションでタイマーを設定できます。

❾「Copilot」です。Wondows 11 に標準搭載された生成 AI アシスタントで、文章や画像の作成や Windows の操作などができます。

Microsoftアカウントを作成する

Microsoftアカウントは、個人認証ライセンスのようなもので、Microsoft社が提供するOneDriveやOutlookなど、さまざまなサービスを使用するために必要となります。ここでは、アカウントを新しく作成する方法を紹介しますが、既にアカウントをお持ちの場合は、そちらを使用してサインインなどを行いましょう。

Microsoftアカウントを作成する

Webブラウザー（ここではMicrosoft Edge）を起動し、アドレスバーに「https://www.microsoft.com/ja-jp/」と入力します。Microsoftのホームページが表示されたら、画面上部の**サインイン**をクリックします。

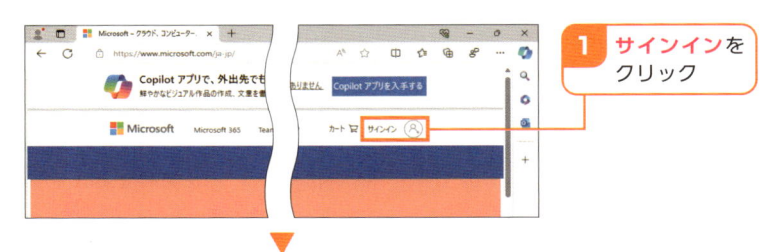

1 **サインイン**をクリック

サインイン画面が表示されます。**作成しましょう！**をクリックします。

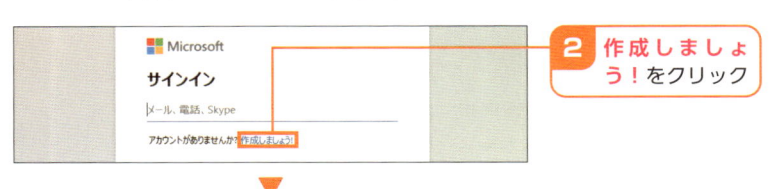

2 **作成しましょう！**をクリック

新しいメールアドレスを取得をクリックします。

3 **新しいメールアドレスを取得**をクリック

メールアドレスを入力し、**次へ**をクリックします。

パスワードを入力し、**次へ**をクリックします。

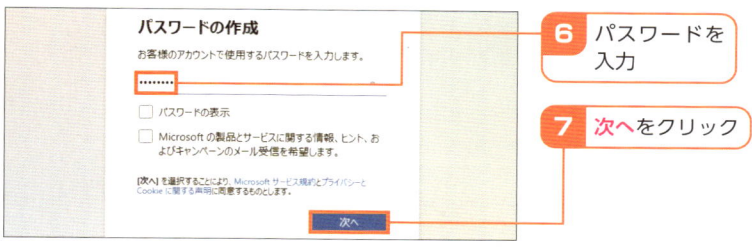

名前を入力し、**次へ**をクリックします。

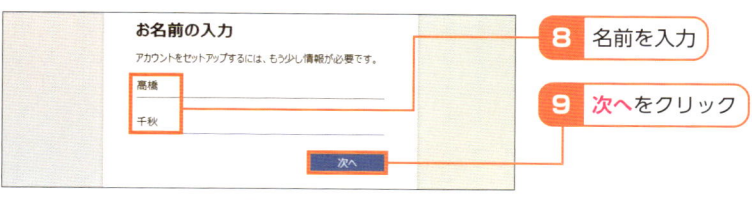

国や生年月日を設定し、**次へ**をクリックします。次の画面でロボットでは
ないことを証明する画面が表示されるので、**次へ**をクリックし、画面の指
示に従って認証します。

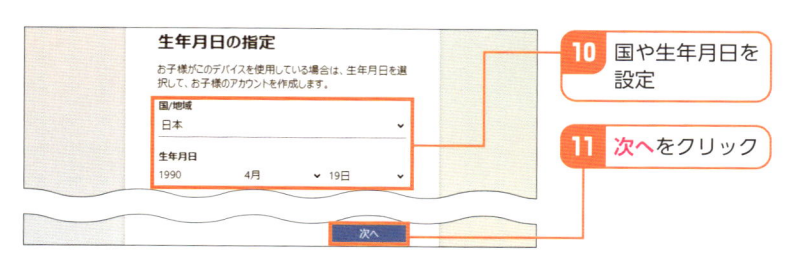

Section

03

ローカルアカウントを作成する

ローカルアカウントは、パソコン内で独自に設定するアカウントです。複数のアカウントを作成でき、アカウントを切り替えながら使用することができます。Microsoftアカウントと異なり、環境や設定などは他のパソコンと同期されず、Microsoftのサービスも設定しなければ利用できません。

░ ローカルアカウントを作成する

パソコンを起動してデスクトップ画面を表示し、タスクバーの「■」→**設定**をクリックします。

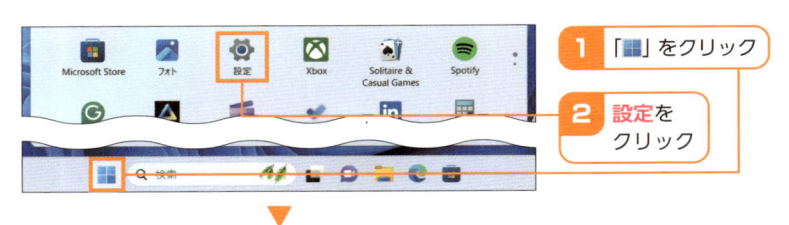

1 「■」をクリック

2 設定をクリック

「設定」アプリが起動します。**アカウント**をクリックし、**他のユーザー**をクリックします。

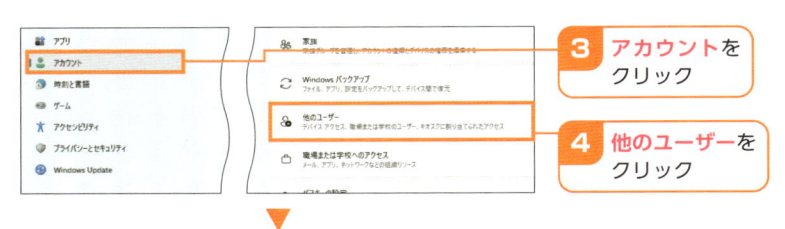

3 アカウントをクリック

4 他のユーザーをクリック

「その他のユーザーを追加する」の**アカウントの追加**をクリックします。

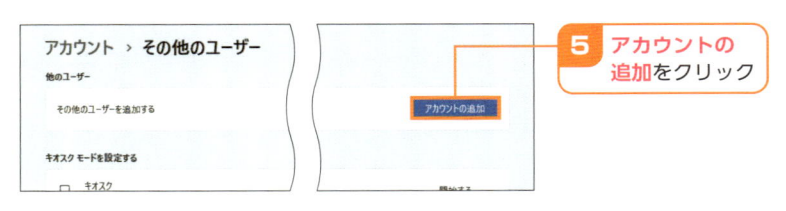

5 アカウントの追加をクリック

このユーザーのサインイン情報がありませんをクリックします。

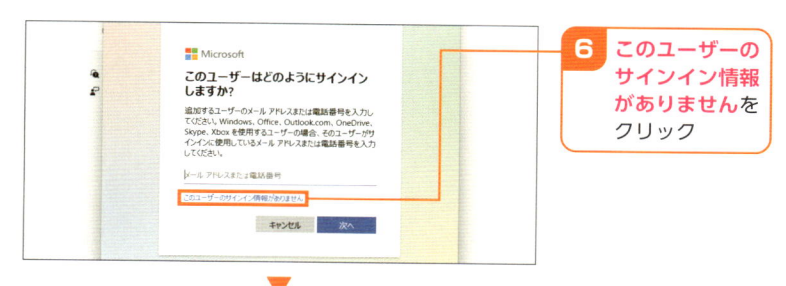

6 このユーザーの
サインイン情報
がありませんを
クリック

▼

Microsoftアカウントを持たないユーザーを追加するをクリックします。

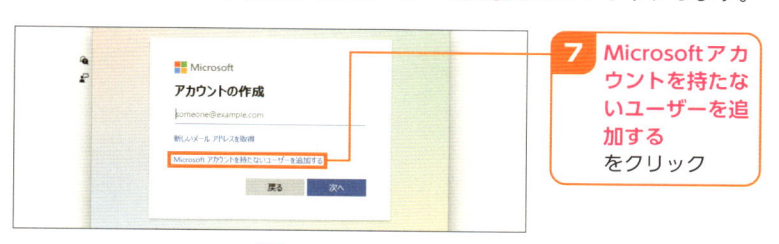

7 Microsoftアカ
ウントを持たな
いユーザーを追
加する
をクリック

▼

ユーザーの作成画面が表示されます。使用するアカウントの「名前」、「パ
スワード」、「パスワードを忘れた場合のヒント」を入力し、**次へ**をクリッ
クするとローカルアカウントが作成されます。

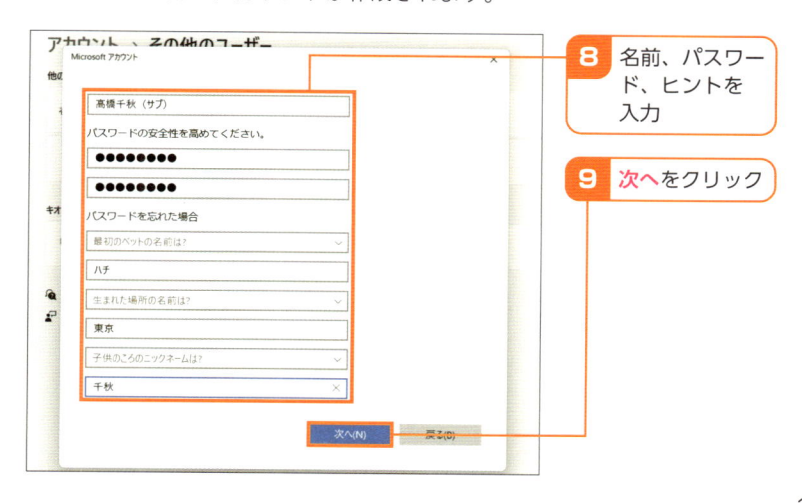

8 名前、パスワー
ド、ヒントを
入力

9 次へをクリック

04 ネットワークへ接続する

パソコンを利用するうえで、インターネットへの接続は欠かせません。
Webブラウザーで検索できなくなったり、メールが送れなくなったりし
ます。不自由なく使えるよう、あらかじめ環境を整えておきましょう。

⠿ ネットワークへ接続する

「設定」アプリを起動して（18ページを参照）、**ネットワークとインター
ネット**から「Wi-Fi」の「●」をクリックします。

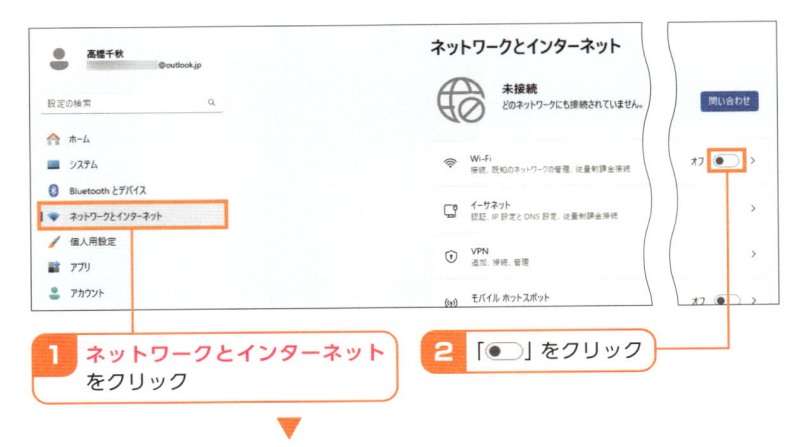

1 **ネットワークとインターネット**
をクリック

2 「●」をクリック

Wi-Fiがオンになります。**利用できるネットワークを表示**をクリックし、
利用するSSIDを確認してクリックします。

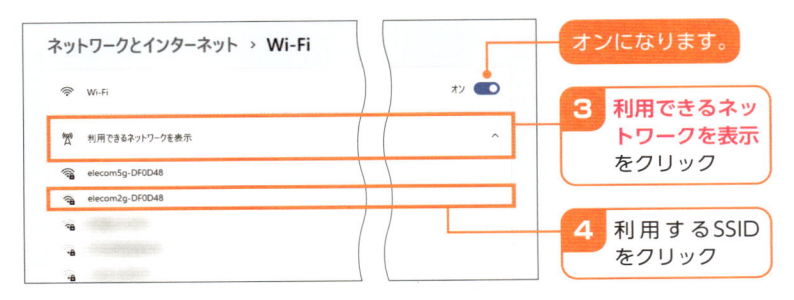

オンになります。

3 **利用できるネッ
トワークを表示**
をクリック

4 利用するSSID
をクリック

接続をクリックします。

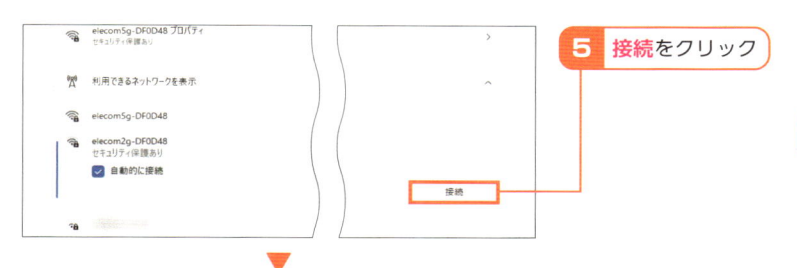

パスワードを入力して**次へ**をクリックすると、ネットワークに接続されます。

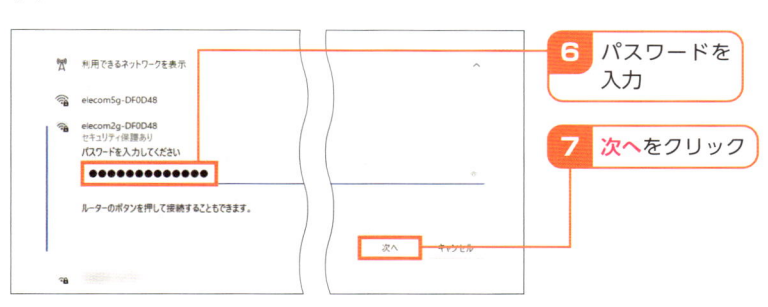

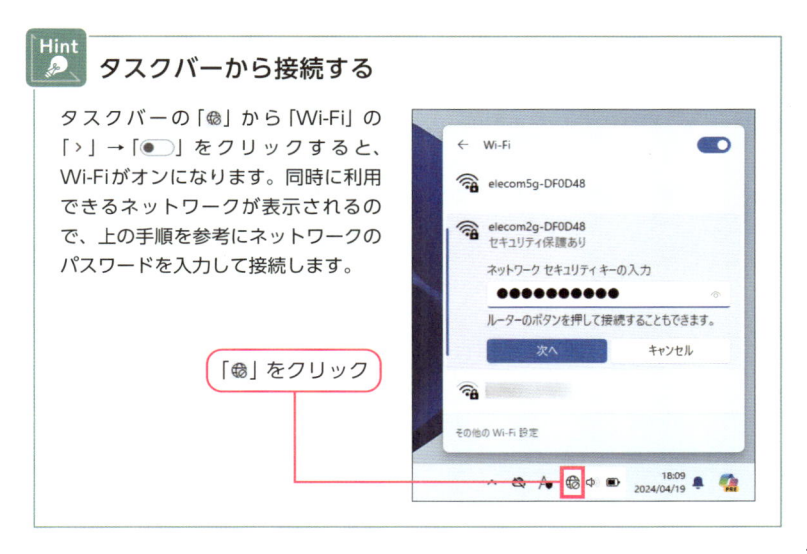

Hint タスクバーから接続する

タスクバーの「🌐」から「Wi-Fi」の「›」→「◉」をクリックすると、Wi-Fiがオンになります。同時に利用できるネットワークが表示されるので、上の手順を参考にネットワークのパスワードを入力して接続します。

Section 05

OneDriveを設定する

OneDrive（ワンドライブ）は、Microsoft社が提供するクラウドストレージサービスの1つで、Windows 11ではMicrosoftアカウントを使用してサインインすれば、パソコンと同期されたOneDriveをファイルやフォルダーの保存場所にできます。OneDrive内に作成されたファイルは、他のデバイスからでも編集、共有が可能です。ファイルの同期については、90ページを参照してください。

OneDrive を設定する

タスクバーの「■」をクリックします。

1 「■」をクリック

すべてのアプリをクリックします。

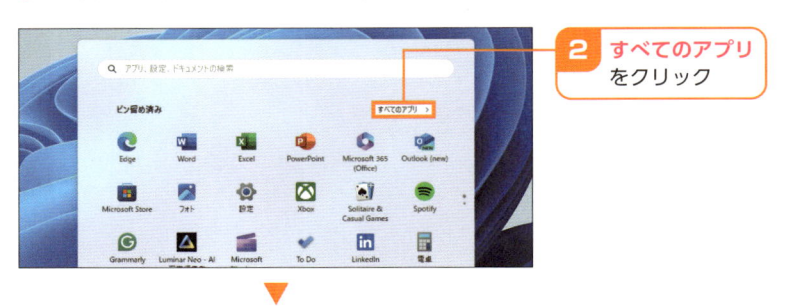

2 すべてのアプリをクリック

アプリの一覧から OneDrive をクリックします。

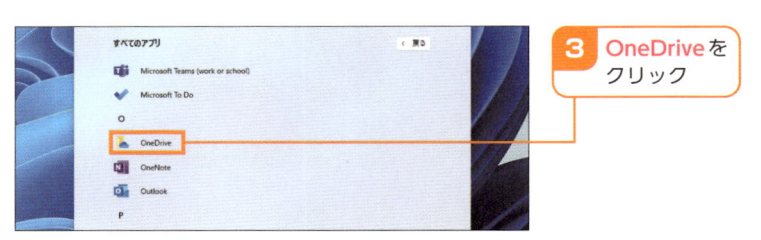

3 OneDriveをクリック

22

Microsoftアカウントのメールアドレスを入力し（自動で入力される場合
はそのまま進みます）、**サインイン→次へ**をクリックします。

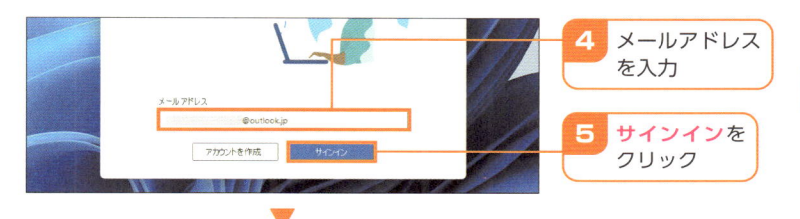

4 メールアドレス
を入力

5 **サインイン**を
クリック

バックアップの開始をクリックすると、「 ● 」になっているフォルダーが
OneDriveに自動でアップロードされて保存されます。

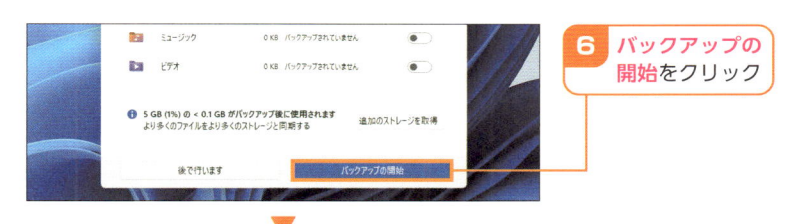

6 **バックアップの
開始**をクリック

OneDriveの概要が説明されます。**次へ→次へ→次へ→後で**をクリックし
ます。

7 **次へ**をクリック

OneDriveが設定されます。

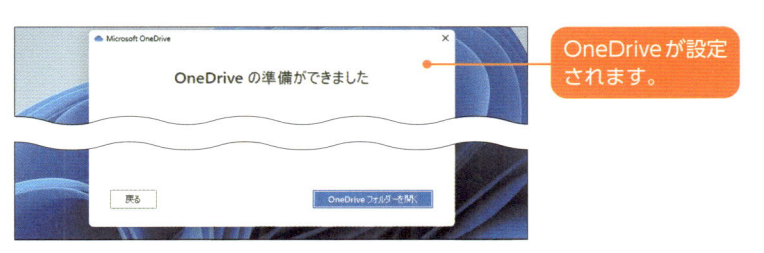

OneDriveが設定
されます。

プリンターに接続する

パソコンとプリンターを最初に接続しておけば、次回以降は、すぐにプリンターに接続して書類などを印刷できるようになります。既にプリンターが追加されている場合は、プリンターの**デバイスの追加**をクリックしてください。

プリンターに接続する

「設定」アプリを起動して（18ページを参照）、**Bluetoothとデバイス**から**プリンターとスキャナー**をクリックします。

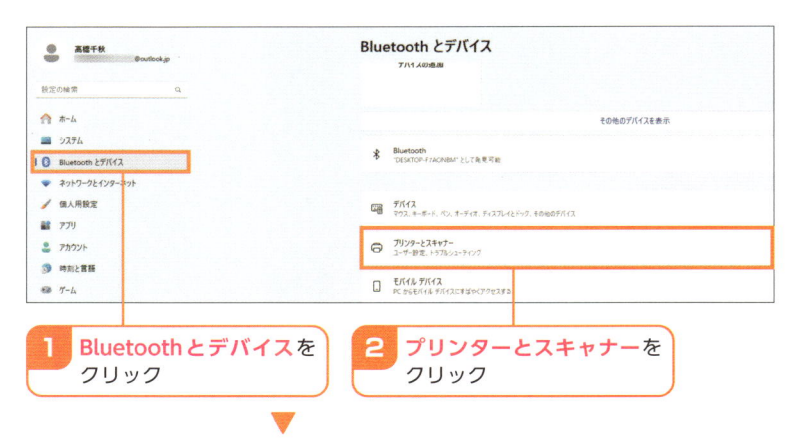

1 Bluetoothとデバイスをクリック

2 プリンターとスキャナーをクリック

「プリンターまたはスキャナーを追加します」の**デバイスの追加**をクリックします。

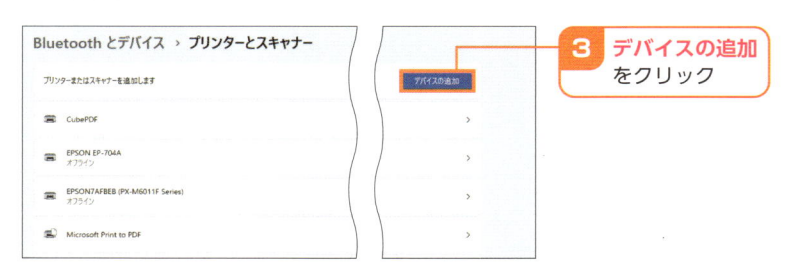

3 デバイスの追加をクリック

目的のプリンターが一覧に表示された場合は、**デバイスの追加**をクリックします。ここでは、「プリンターが一覧にない場合」の**手動で追加**をクリックします。

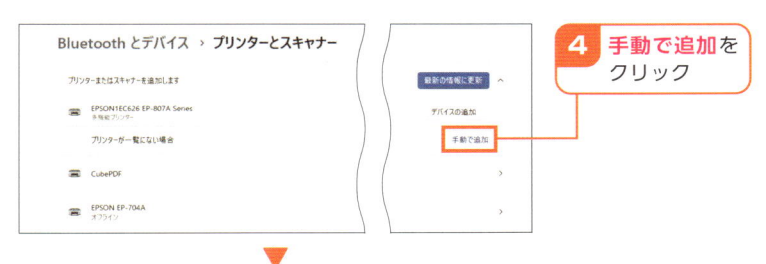

設定するプリンターに応じてプリンターの追加方法を設定し、**次へ**をクリックして画面の指示に従ってプリンターを追加します。

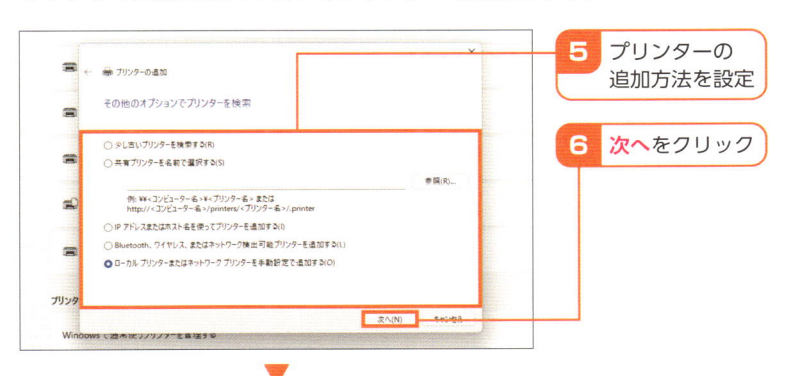

プリンターが追加されたら、**完了**をクリックします。

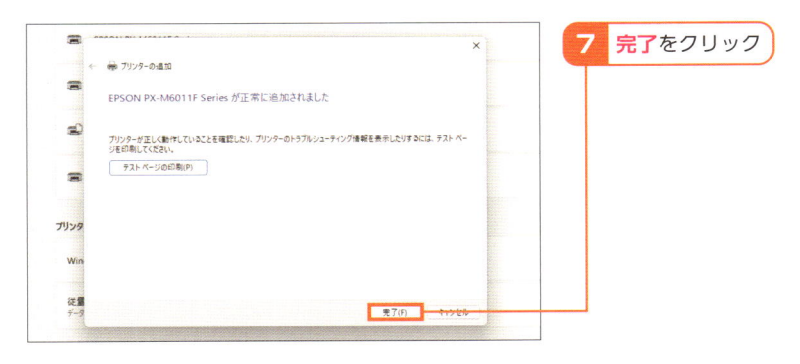

▓ テストプリントを行う

タスクバーの「▓」→設定をクリックして、「設定」アプリを起動します。

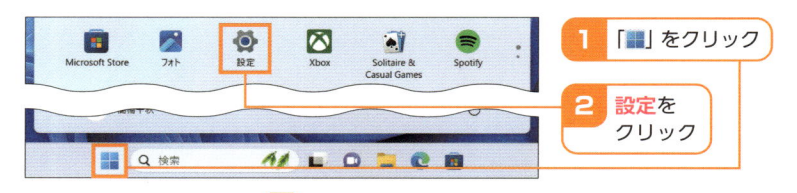

Bluetoothとデバイスからプリンターとスキャナーをクリックします。

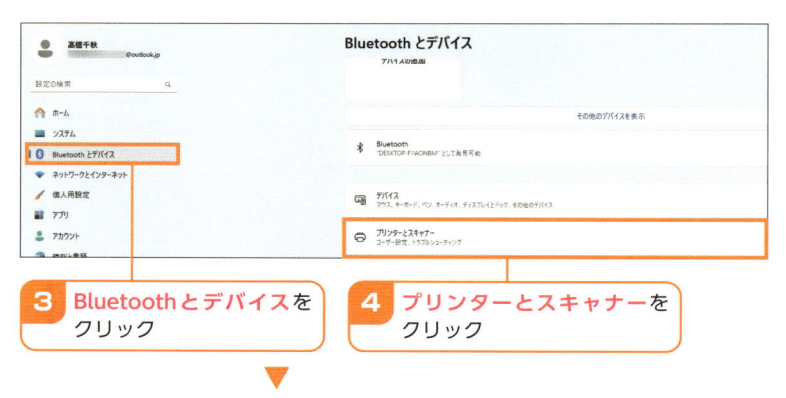

テストプリントを行いたいプリンターをクリックして選択します。

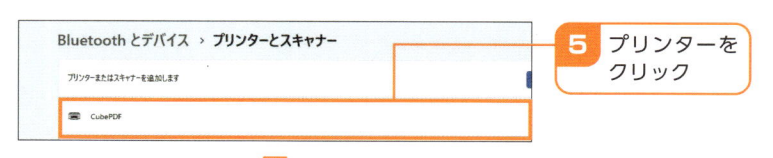

テストページの印刷をクリックします。

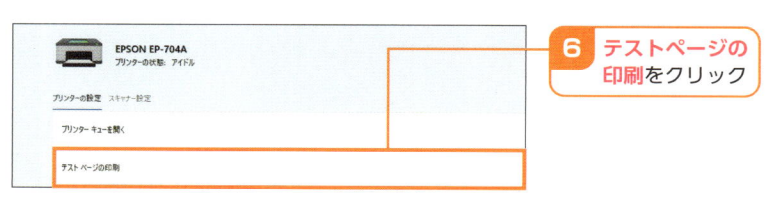

第 2 章

基本操作

アカウントへの
サインイン/サインアウト

Microsoftアカウントやローカルアカウントを作成した後は、任意のアカウントにサインインしてパソコンを使いはじめましょう。ここでは、Microsoftアカウントにサインインする方法を紹介しますが、ローカルアカウントでもサインイン可能です。初回の起動時はパソコンのセットアップ画面が表示されるので、画面の指示に従って設定し、サインインします。セットアップ後はロック画面でパスワードを入力してサインインできるようになります。

::: アカウントにサインインする

パソコンを起動すると、ロック画面が表示されます。画面左下にサインインできるアカウントが表示されるので、クリックして選択します。

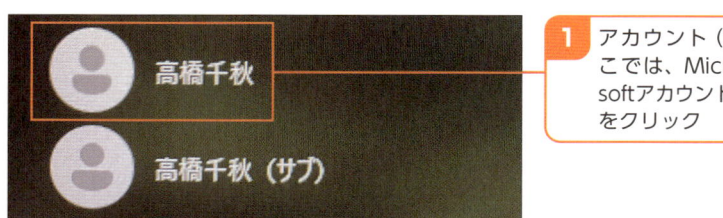

1 アカウント（ここでは、Microsoftアカウント）をクリック

▼

サインインをクリックします。

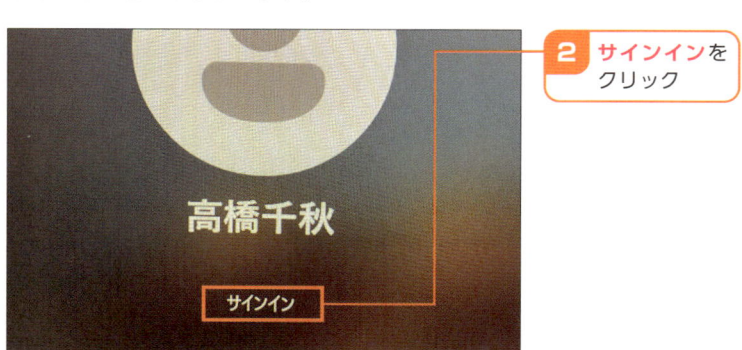

2 **サインイン**をクリック

Microsoftアカウント作成時に設定したパスワードを入力し（17ページを参照）、**サインイン**をクリックします。また、画面の指示に従ってセキュリティ情報を追加します。

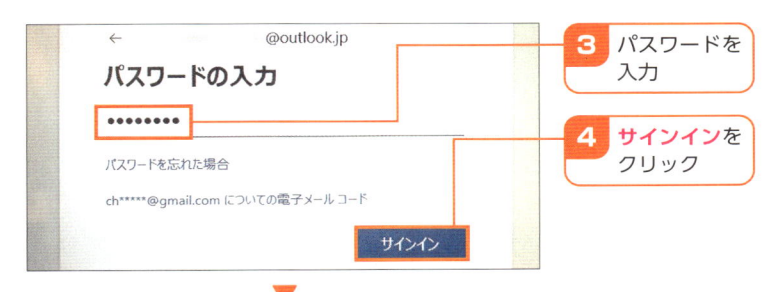

3 パスワードを入力

4 **サインイン**をクリック

初回の起動時はパソコンのセットアップ画面が表示されます。**続行**をクリックし、画面の指示に従ってセットアップを完了させると、デスクトップ画面が表示されます。

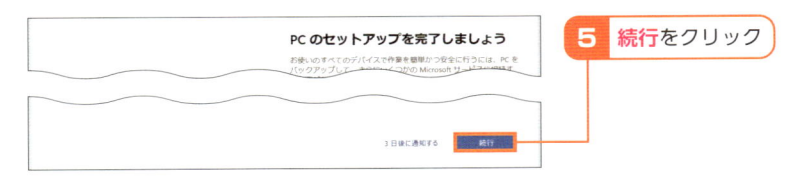

5 **続行**をクリック

::: アカウントからサインアウトする

タスクバーの「■」→アカウント名→「…」→**サインアウト**をクリックすると、サインアウトされてパソコンのロック画面が表示されます。

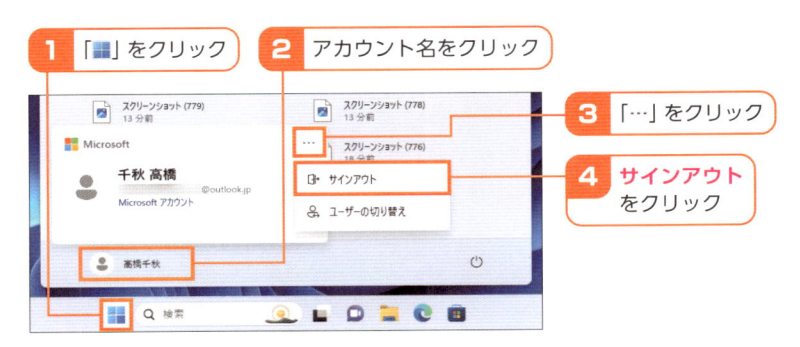

1 「■」をクリック

2 アカウント名をクリック

3 「…」をクリック

4 **サインアウト**をクリック

スリープ / シャットダウン / 再起動

一時的にパソコンの操作を行わない場合は、**スリープ**にすると、作業状態はそのままでバッテリーの消耗を抑えつつ、画面を暗くできます。また、電源を切りたい場合は**シャットダウン**、現在立ち上げている Web ブラウザーやアプリなどを終了して再びパソコンを起動し直したい場合は**再起動**をクリックします。

⠿ スリープ

タスクバーの「⊞」をクリックします。

1 「⊞」をクリック

「⊙」をクリックし、表示されるメニューから**スリープ**をクリックすると、パソコンが低電力状態になります。マウスを動かしたりキーボードを押したりするとロック画面が表示され、サインインすると、スリープ前の画面が表示されるのですぐに作業を再開できます。

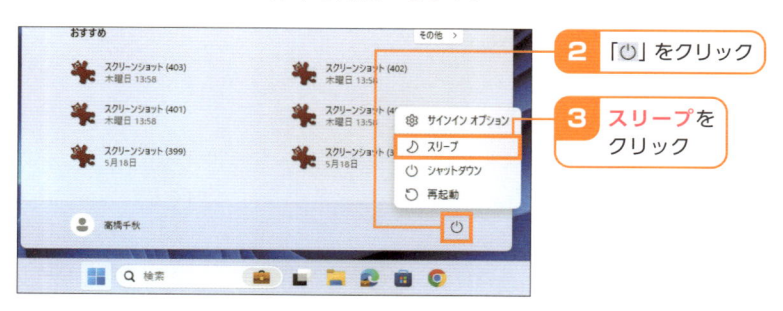

2 「⊙」をクリック

3 **スリープ**を
クリック

⚏ シャットダウン

タスクバーの「■」→「⏻」→**シャットダウン**をクリックします。

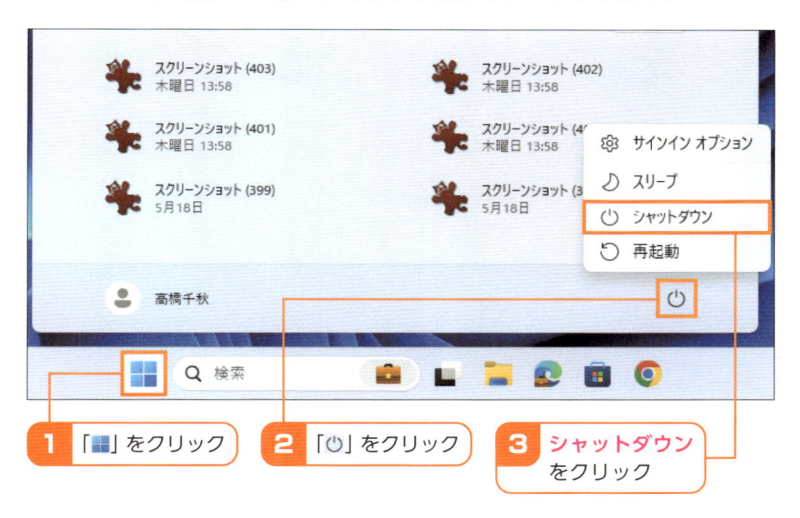

1 「■」をクリック

2 「⏻」をクリック

3 **シャットダウン** をクリック

2
基本操作

⚏ 再起動

タスクバーの「■」→「⏻」→**再起動**をクリックします。

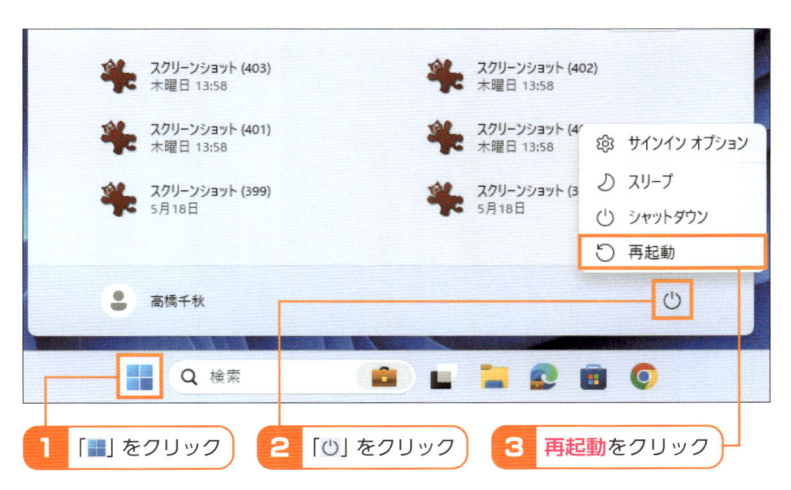

1 「■」をクリック

2 「⏻」をクリック

3 **再起動**をクリック

アプリを起動/終了する

スタートメニューやタスクバーからアプリを起動できます。タスクバーに目的のアプリがない場合は、ピン留め（39ページを参照）することでタスクバーに常に表示させておくこともできます。

⚙️ スタートメニューからアプリを起動する

タスクバーの「■」をクリックします。

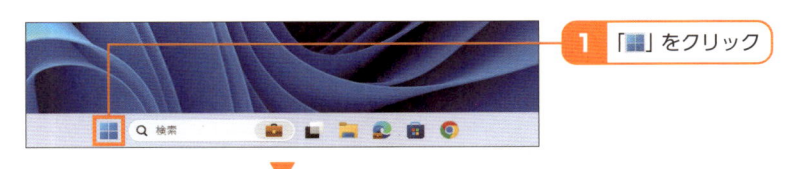

> **1** 「■」をクリック

すべてのアプリをクリックします。

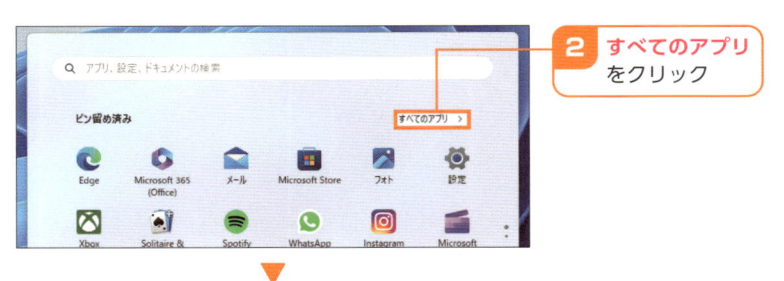

> **2** すべてのアプリ
> をクリック

起動したいアプリ（ここでは**Microsoft Edge**）をクリックします。

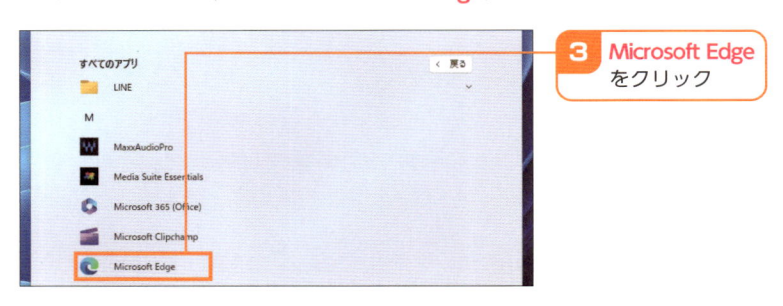

> **3** **Microsoft Edge**
> をクリック

アプリ（Microsoft Edge）が起動します。右上の「✕」をクリックすると、
アプリが終了します。

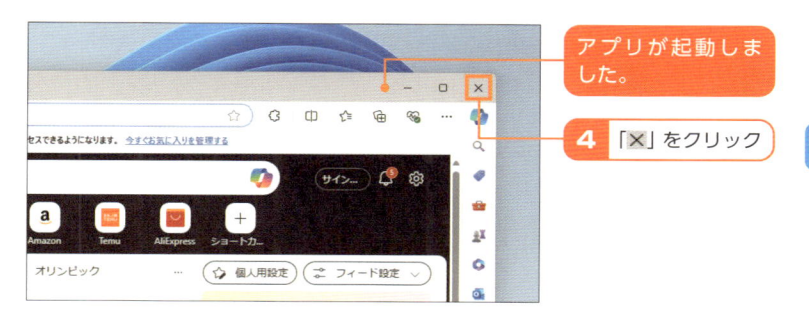

アプリが起動しました。

4 「✕」をクリック

⠿ タスクバーからアプリを起動する

タスクバーにピン留めされたアプリ（ここでは「🌐」）をクリックします。

1 「🌐」をクリック

アプリ（Microsoft Edge）が起動します。

アプリが起動しました。

Section

10 ウィンドウの位置やサイズを変更する

デスクトップ上に表示するウィンドウの位置は、ドラッグすることで簡単に変えられます。また、見やすいように好みのサイズに変更したり一気に最小化/最大化したりすることもできます。

⠿ ウィンドウの位置を変更する

ウィンドウ上部のバーをクリックし、移動したい方向にドラッグします。

1 クリック　**2** ドラッグ

▼

ウィンドウが移動します。

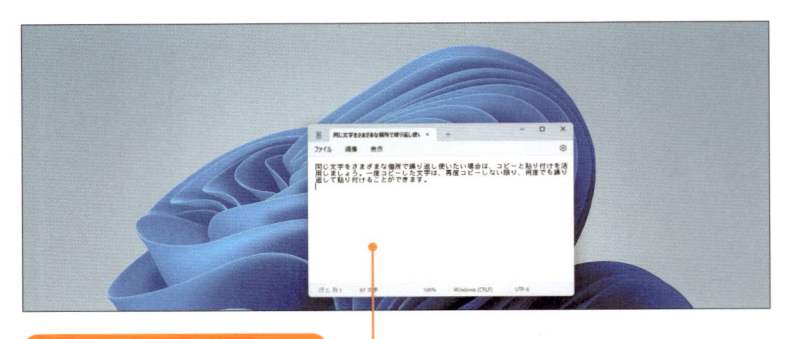

ウィンドウが移動されました。

⠿ ウィンドウのサイズを変更する

ウィンドウの4辺いずれかにマウスカーソルを合わせ、「🔓」が表示されたらドラッグします。

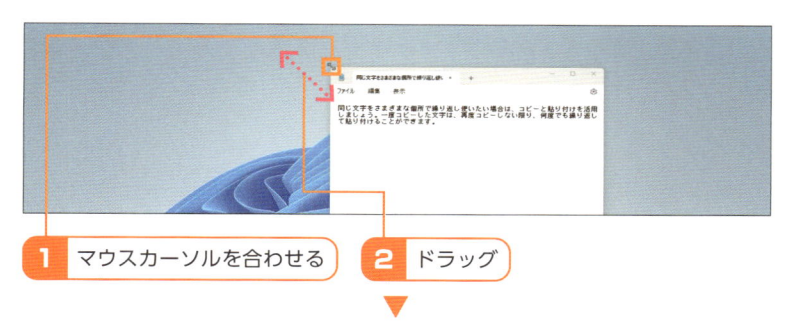

1 マウスカーソルを合わせる　**2** ドラッグ

ウィンドウの大きさが変更します。

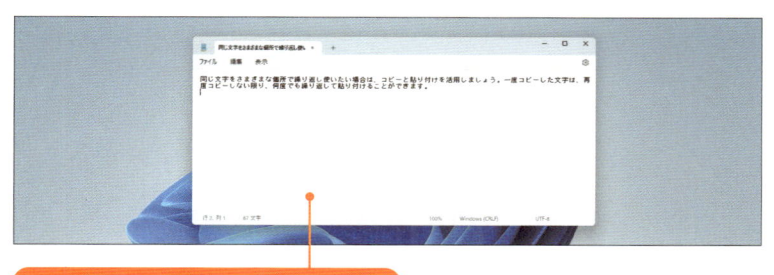

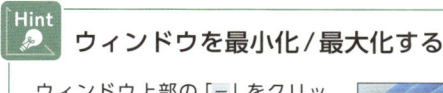
ウィンドウの大きさが変更されました。

Hint

ウィンドウを最小化／最大化する

ウィンドウ上部の「−」をクリックするとウィンドウが最小化されて、タスクバーに格納されます。「□」をクリックすると最大化され、デスクトップ全画面にウィンドウが表示されます。

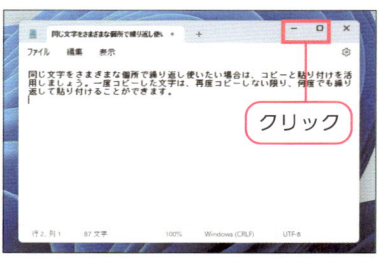

クリック

ウィンドウを切り替える

タスクバーの「■」をクリックすると、現在開いているウィンドウの一覧が表示されます。一覧から任意のものをクリックして、前面に表示されるウィンドウを切り替えることができます。また、ウィンドウを任意のレイアウトに配置して作業することが可能です。複数のウィンドウを開いていて作業を行いたいというときは、使ってみてください。

▦ タスクビューで複数のウィンドウを切り替える

タスクバーの「■」をクリックします。

1 「■」をクリック

現在開いているウィンドウがすべて表示されます。切り替えたいウィンドウをクリックします。

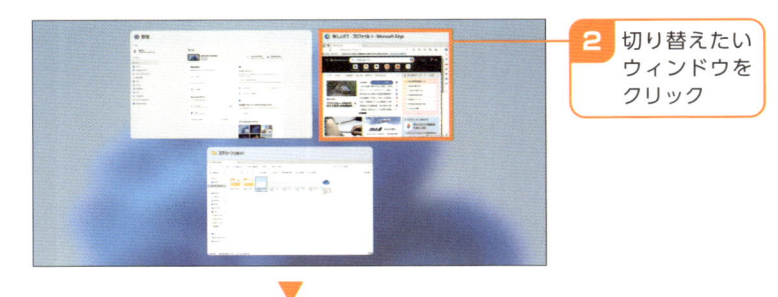

2 切り替えたい
ウィンドウを
クリック

クリックしたウィンドウが前面に表示されます。

ウィンドウが切り
替わりました。

⠿ 複数のウィンドウを整列する

ウィンドウ右上の「▢」にマウスカーソルを合わせると、スナップレイアウトが表示されます。レイアウトを選択し、ウィンドウを配置したい場所をクリックします。

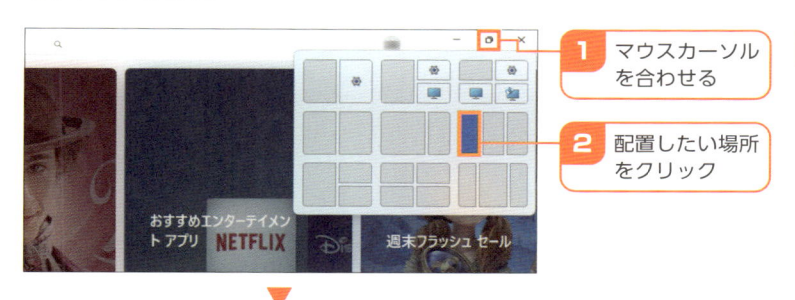

1 マウスカーソルを合わせる

2 配置したい場所をクリック

ウィンドウが配置されます。他に開いているウィンドウの一覧が表示されるので、レイアウト上に配置したいウィンドウをクリックして選択していきます。

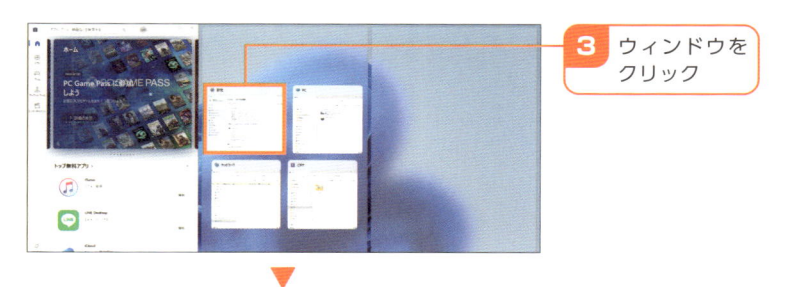

3 ウィンドウをクリック

レイアウトに合わせてウィンドウが整列します。

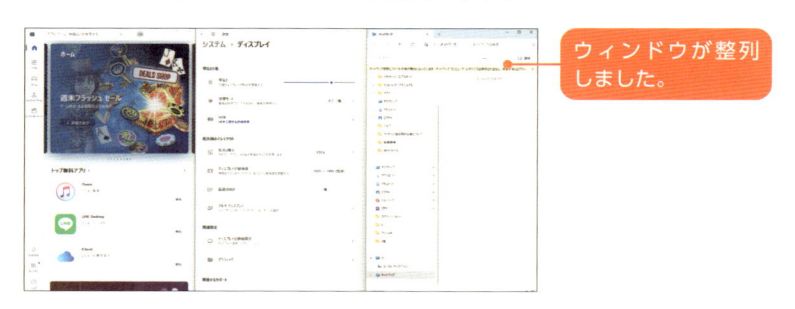

ウィンドウが整列しました。

12 アプリをピン留めする

よく使うアプリをスタートメニューやタスクバーにピン留めしましょう。ピン留めしたアプリのアイコンをクリックすると、すぐにアプリを起動できて便利です。

スタートメニューにアプリをピン留めする

タスクバーの「■」→**すべてのアプリ**をクリックします。

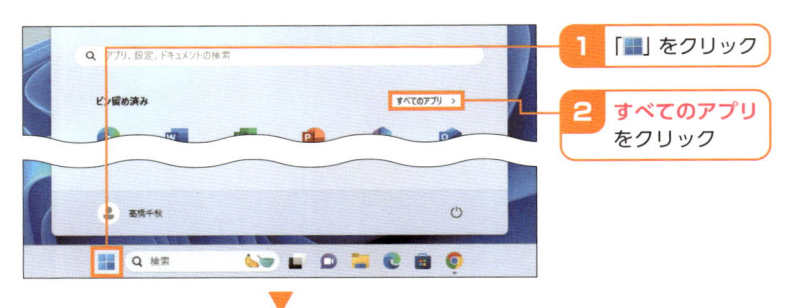

1 「■」をクリック

2 **すべてのアプリ**をクリック

スタートメニューにピン留めしたいアプリ（ここでは **Snipping Tool**）を右クリックし、**スタートにピン留めする**をクリックします。

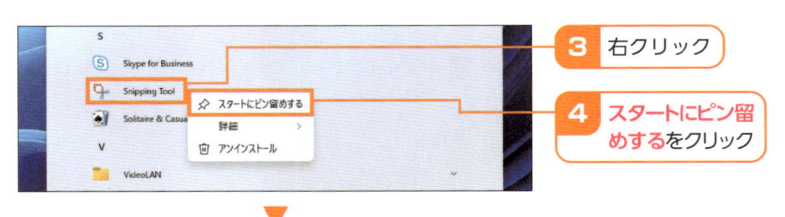

3 右クリック

4 **スタートにピン留めするを**クリック

スタートメニューの「ピン留め済み」にアプリがピン留めされます。

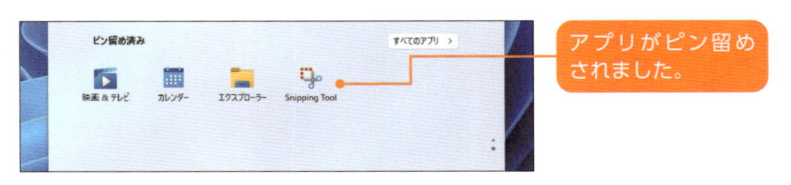

アプリがピン留めされました。

▦ タスクバーにアプリをピン留めする

タスクバーの「■」→**すべてのアプリ**をクリックします。

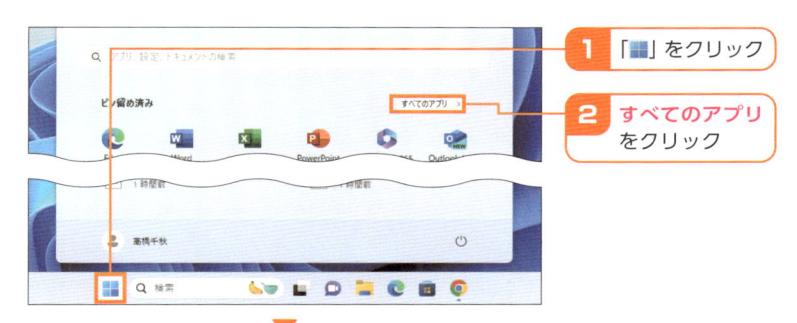

1 「■」をクリック

2 **すべてのアプリ**をクリック

タスクバーにピン留めしたいアプリ（ここでは**OneNote**）を右クリックし、**詳細**にマウスカーソルを合わせると表示される**タスクバーにピン留めする**をクリックします。

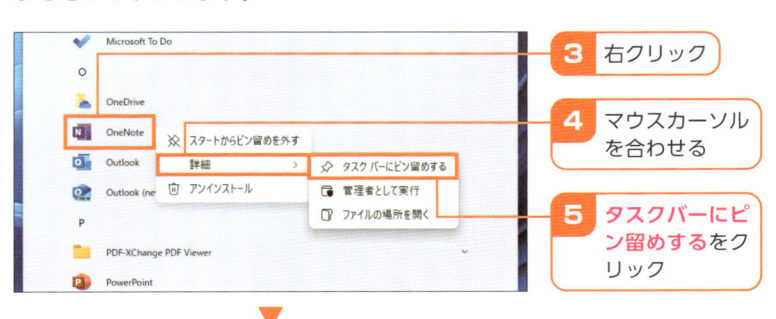

3 右クリック

4 マウスカーソルを合わせる

5 **タスクバーにピン留めする**をクリック

タスクバーにアプリがピン留めされます。

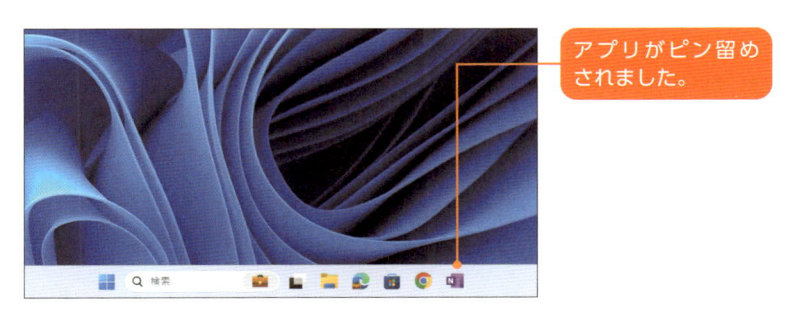

アプリがピン留めされました。

タスクバーで検索する

タスクバーにある検索ボックスでは、キーワードを入力してアプリの起動やインターネットでの検索を行うことができます。また、パソコン内に保存されたファイルやフォルダーの検索も行えます。検索ボックスが表示されていない場合は、「設定」アプリから表示しましょう。

▦ タスクバーでアプリを検索する

タスクバーの検索ボックスをクリックし、検索したいアプリ名（ここでは「**Word**」）を入力して Enter を押します。

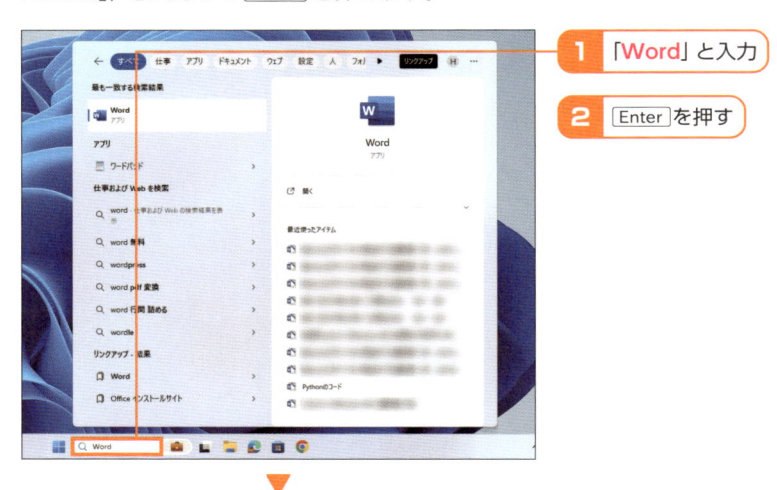

1 「Word」と入力

2 Enter を押す

▼

アプリが起動します。

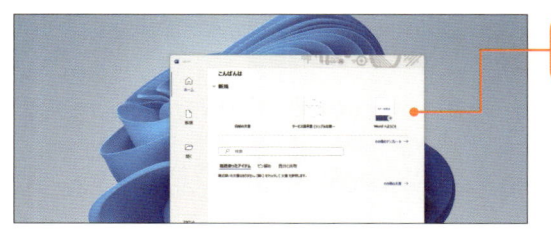

アプリが起動しました。

▦ インターネットで検索する

タスクバーの検索ボックスをクリックし、検索したいキーワードを入力して **Enter** を押します。ここでは「**クラウドストレージサービス**」と入力しています。

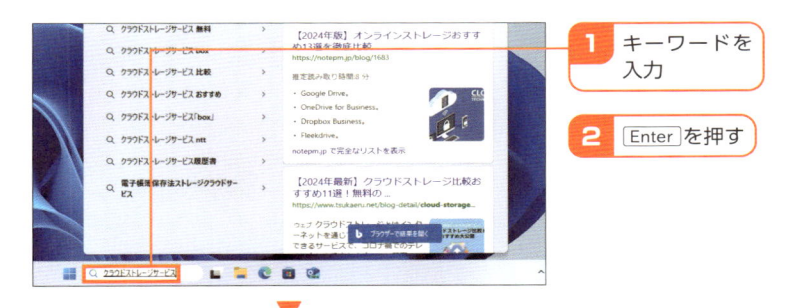

1 キーワードを入力

2 **Enter** を押す

Web ブラウザーが起動し、検索結果が表示されます。

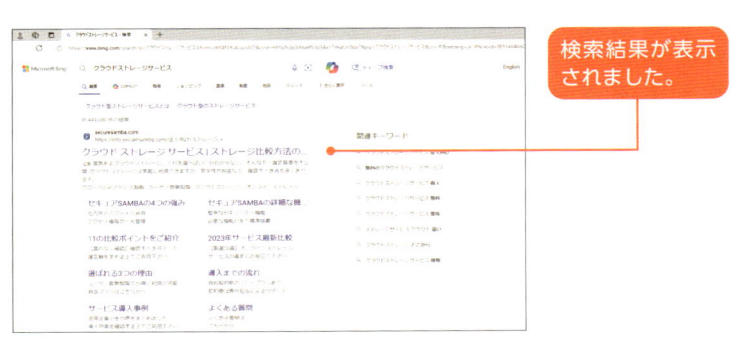

検索結果が表示されました。

> **Hint**
>
> ## 検索ボックスの表示 / 非表示を切り替える
>
> タスクバーを右クリックし、**タスクバーの設定**をクリックすると、「設定」アプリの「タスクバー」画面が表示されます。「**検索**」の「∨」→**非表示**をクリックすると非表示になります。検索アイコンのみや、検索ボックスを表示することができます。
>
>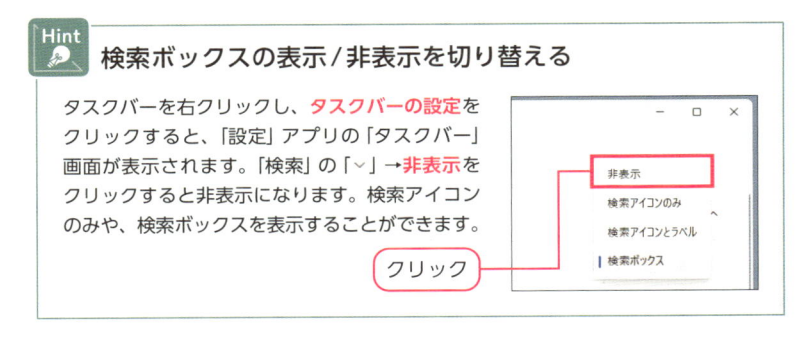
>
> クリック

文字の入力と編集

ひらがなや漢字、カタカナなどの日本語、アルファベット、数字、記号といった文字を入力して、文書を作成していきましょう。入力した文字は削除したり、再度入力したりと、後から編集することも可能です。

文字を入力する

ここではローマ字入力で日本語を入力する方法について説明します。日本語で入力する場合は「あ」(ひらがなモード)がタスクバーの右側に表示されていることを確認します。入力方法の切り替えについては44ページを参照してください。

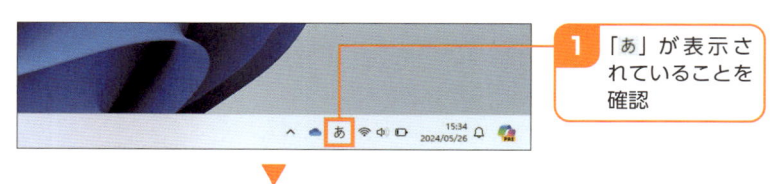

1 「あ」が表示されていることを確認

文書入力画面上(ここでは「メモ帳」アプリ)のカーソルがある位置に文字が入力されます。ここでは、**ありがとう**(ローマ字入力の場合は「**ARIGATOU**」)と入力します。

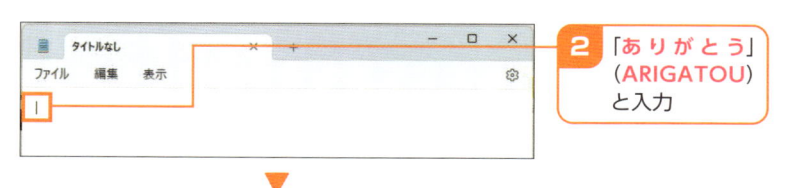

2 「ありがとう」(**ARIGATOU**)と入力

「ありがとう」と入力されます。キーボードの Enter を押すと、文字の下の線が消えて入力が確定します。

3 Enter を押す

42

⠿ 文字を編集する

修正したい文字をドラッグして選択します。ここでは「**対称**」を選択します。

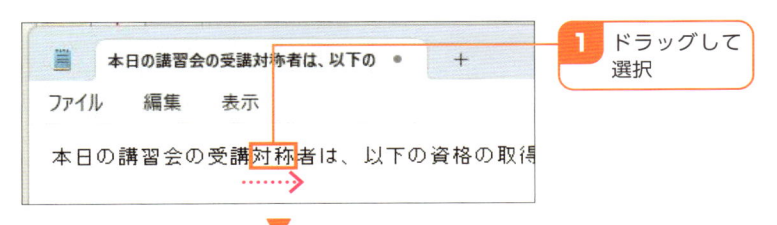

1 ドラッグして選択

文字が選択された状態になったら、修正後の文字を入力します。ここでは「**対象**」と入力します。

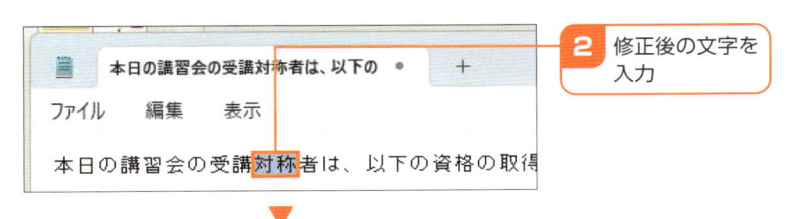

2 修正後の文字を入力

選択した文字が、修正された文字に置き換わります。

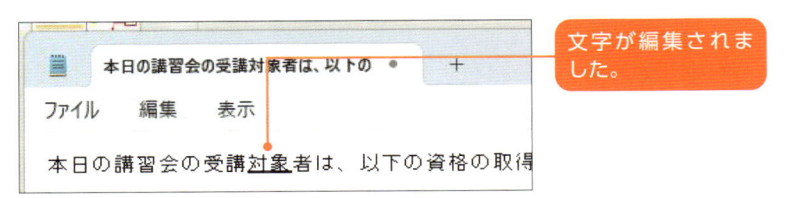

文字が編集されました。

 Hint かな入力とローマ字入力を切り替える

キーボードの Alt + かたかなひらがな を押すことで簡単に入力モードを切り替えられます（要設定）。また、入力モードのアイコンを右クリックし、**かな入力（オフ）** をクリックしてかな入力に切り替えることができます（45ページを参照）。

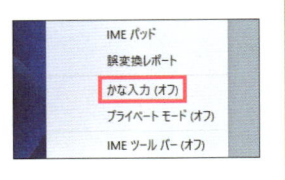

入力モードの切り替え方

文字を入力する際は、入力したい内容によって、「ひらがな」「全角カタカナ」「全角英数字」「半角カタカナ」「半角英数字」といった入力モードの切り替えを活用しましょう。

⠿ 入力モードを切り替える

タスクバーで、現在選択されている入力モードの確認、モードの切り替えを行います。切り替える場合は、入力モードのアイコン（ここでは「あ」（ひらがなモード））をクリックします。

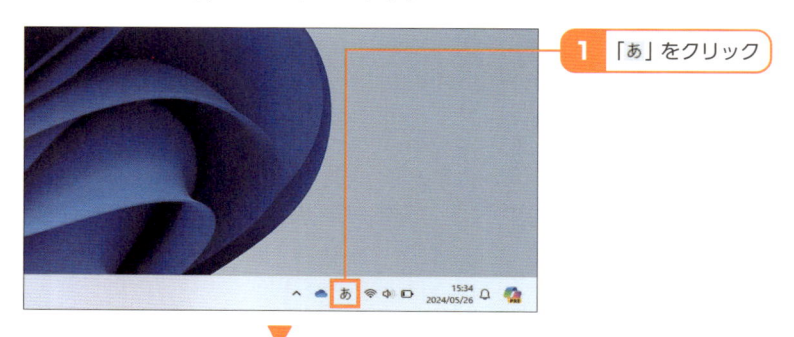

1 「あ」をクリック

入力モードが、ここでは「A」（半角英数字モード）に切り替わります。なお、キーボードの[半角/全角]を押すことでも入力モードを切り替えることができます。

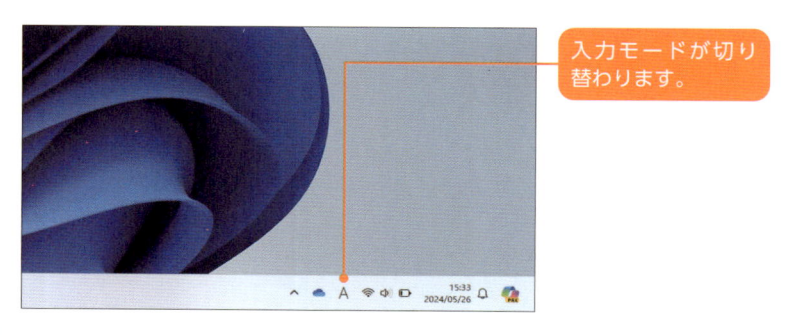

入力モードが切り替わります。

入力モードを選択する

他の入力モードを利用する場合は、入力モードのアイコン（ここでは「あ」）を右クリックします。

1 「あ」を右クリック

メニューが表示されたら、任意の入力モードをクリックして選択します。

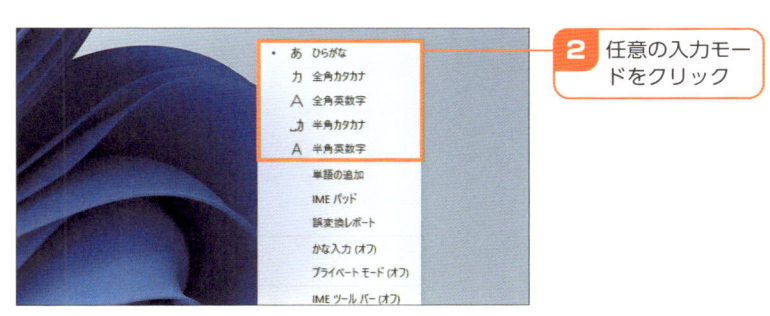

2 任意の入力モードをクリック

入力モードとは

入力モードとは、ひらがなや全角/半角カタカナ、全角/半角英数字を切り替えることができる機能です。入力モードの変更によって、同じキーを押した場合でも、入力される文字が変化します。

表示アイコン	入力モード	入力される文字	入力例
あ	ひらがな	ひらがな	どうぶつ
カ	全角カタカナ	全角カタカナ	ライオン
A	全角英数字	全角アルファベット、数字、記号	Ａｎｉｍａｌ、 １２３、！
ｶ	半角カタカナ	半角カタカナ	ﾗｲｵﾝ
A	半角英数字	半角アルファベット、数字、記号	Animal、123、！

通知を確認/設定する

アプリからの通知は、デスクトップ画面の右側に表示されます。必要なアプリからのお知らせのみが通知されるように、「設定」アプリから通知設定を変更できます。完全に通知を受け取らないようにオフにしたり、表示方法を変更することも可能です。

通知を確認する

タスクバーの日付をクリックします。

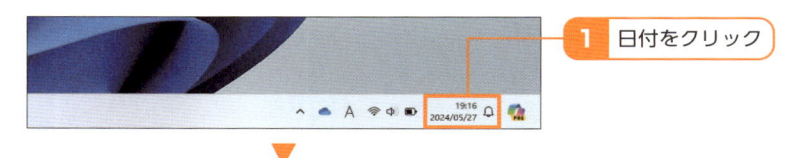

1 日付をクリック

通知が一覧で表示されます。

通知が一覧で表示されました。

▦ アプリごとに通知設定を変更する

「設定」アプリを起動して（18ページを参照）、**システム**から**通知**をクリックします。

「アプリやその他の送信者からの通知」にアプリが表示されています。通知設定を変更したいアプリをクリックします。

通知設定を変更できます。「通知」の「 ⬤ 」をクリックすると、通知をオフにできます。

この画面で通知設定を行えます。

ヘルプで調べる

Windowsには、操作や設定に関する疑問や質問を解決するサポートが備わっています。たとえば、タスクバーの検索ボックスからシステム上の問題やトラブルを入力することで、Webブラウザーから解決策を検索したり、Microsoft社の「Windowsのヘルプとラーニング」にアクセスしてサポートに問い合わせたりすることもできます。

⠿ Windowsヘルプで調べる

Microsoft Edgeを起動し、アドレスバーに「https://support.microsoft.com/ja-jp/windows」と入力して Enter を押します。

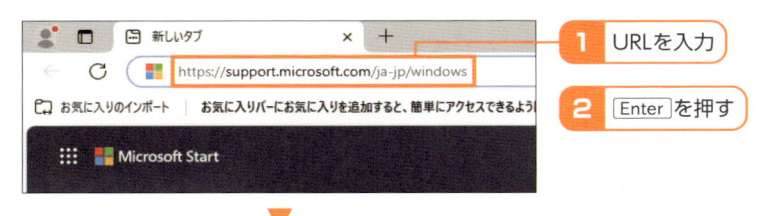

1 URLを入力

2 Enter を押す

Microsoft社の「Windowsのヘルプとラーニング」サイトが開きます。さまざまなカテゴリのサポート情報や問い合わせ、サービスを参照することができます。

ここに質問を入力します。

::: サポートに問い合わせる

「設定」アプリを起動して（18 ページを参照）、画面の一番下にある**ヘルプを表示**をクリックします。

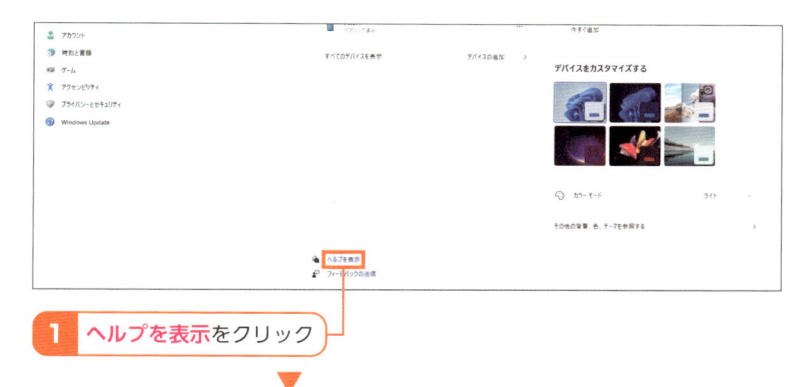

1 **ヘルプを表示**をクリック

問い合わせたい内容を入力します。

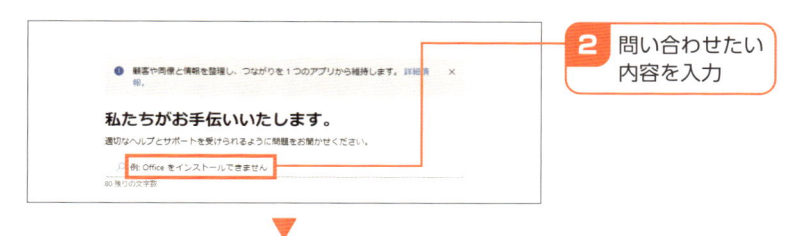

2 問い合わせたい
内容を入力

内容に沿って質問が繰り返されるので、画面の指示に従って回答し、問い合わせます。

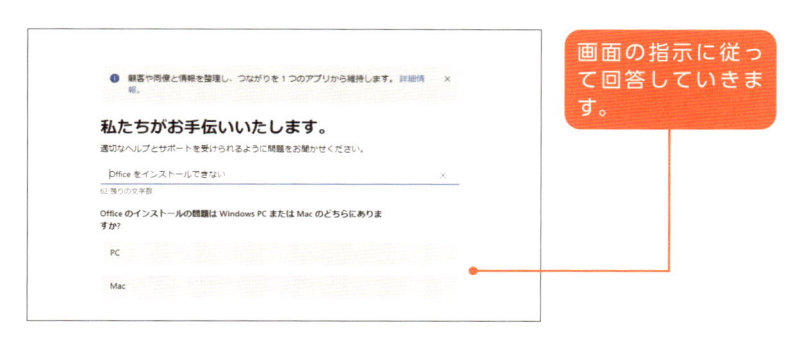

画面の指示に従って回答していきます。

Windowsをアップデートする

アップデートを行ってWindowsを最新の状態にすることで、新しい機能を利用したり、セキュリティを強化できます。インターネットに接続されているパソコンでは自動でアップデートされます。

▦ Windowsのバージョンを確認する

「設定」アプリを起動して（18ページを参照）、**システム**から**バージョン情報**をクリックします。

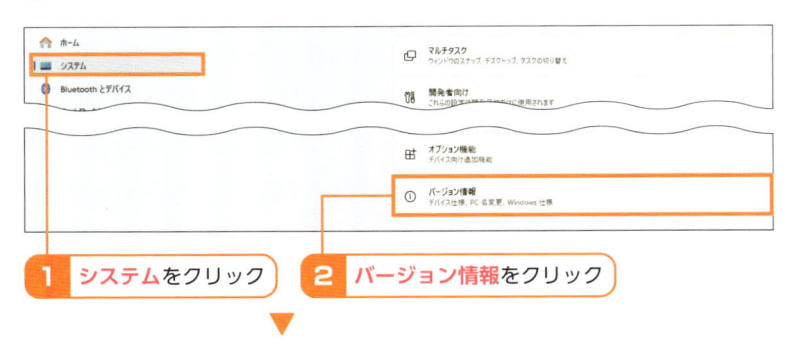

1 **システム**をクリック　　**2** **バージョン情報**をクリック

Windowsのバージョン情報が表示されます。

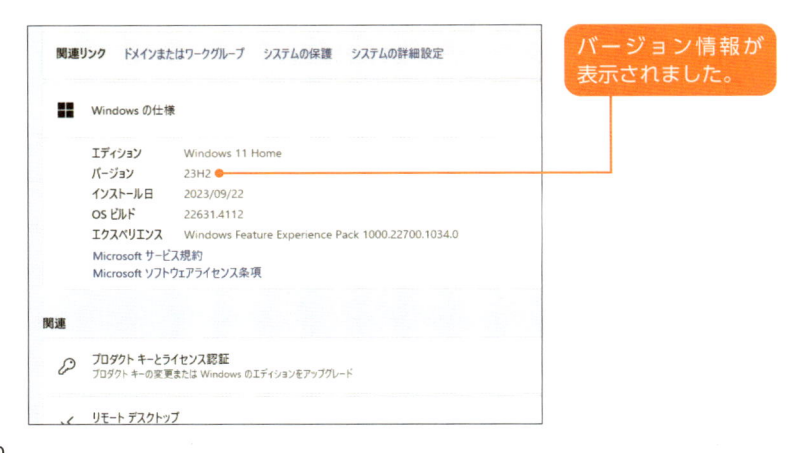

バージョン情報が表示されました。

⠿ **Windowsをアップデートする**

「設定」アプリを起動して（18ページを参照）、**Windows Update** から**更新プログラムのチェック**をクリックします。

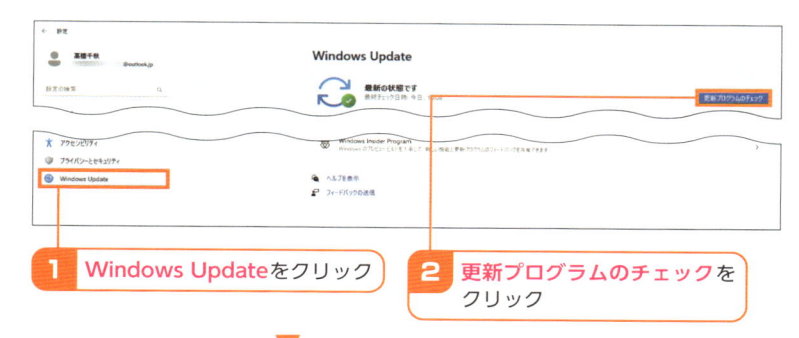

| 1 | Windows Updateをクリック |
| 2 | 更新プログラムのチェックをクリック |

▼

アップデートがあると、自動的にプログラムがダウンロードされます。再起動が必要な場合は、**今すぐ再起動する**をクリックして再起動します。

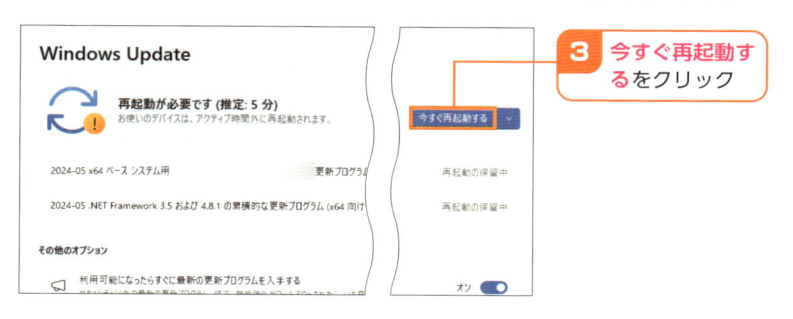

| 3 | 今すぐ再起動するをクリック |

Hint スタートメニューからアップデートする

更新プログラムがある場合、スタートメニューの「⏻」をクリックすると、「更新してシャットダウン」「更新して再起動」と表示されるようになります。表示されたメニューをクリックすることで、アップデートできます。

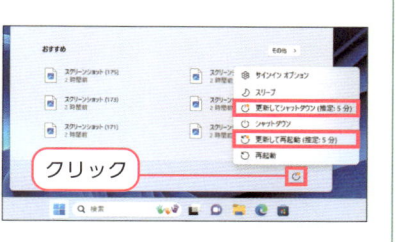

クリック

19 パスワードを設定する

パソコンを使用するには、ロック画面でアカウント作成時に設定したパスワードを入力してサインインします（28ページを参照）。なお、ローカルアカウントはパスワードを設定せずに作成できるので、パスワードを入力することなくサインインできてしまいます。パスワードを追加、変更しましょう。

▦ パスワードを設定する

「設定」アプリを起動して（18ページを参照）、**アカウント**から**サインインオプション**をクリックします。

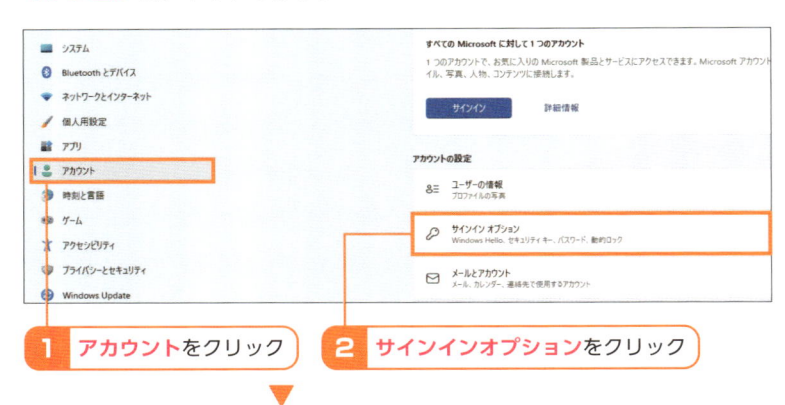

1 **アカウント**をクリック 2 **サインインオプション**をクリック

パスワードから**追加**をクリックします。

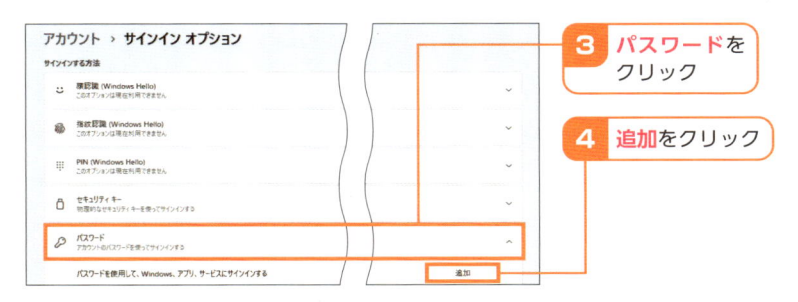

3 **パスワード**を
クリック

4 **追加**をクリック

設定したいパスワードを2箇所に入力し、パスワードのヒントを入力して
次へをクリックします。

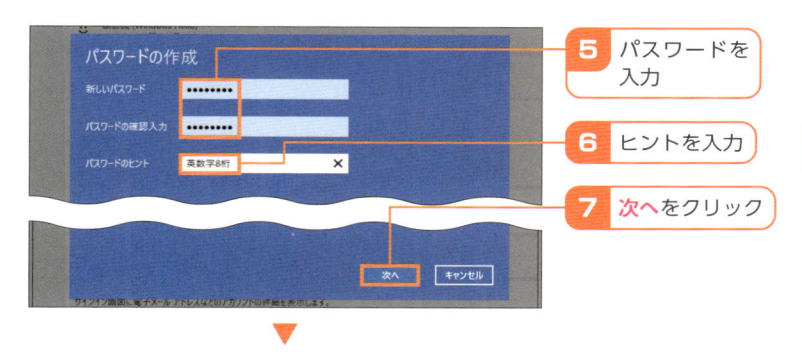

5 パスワードを入力

6 ヒントを入力

7 **次へ**をクリック

完了をクリックします。

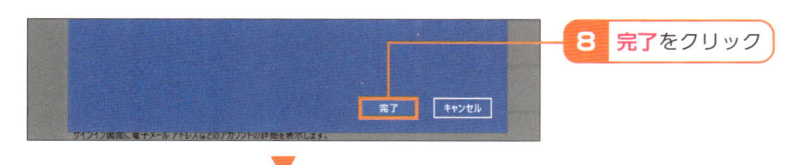

8 **完了**をクリック

ロック画面に設定したパスワードを入力してサインインします。

高橋千秋（サブ）

パスワードの入力画面が表示されます。

Hint **パスワードを変更する**

パスワードを変更したいアカウントにサインインして、「設定」アプリで**アカウント→サインインオプション→パスワード→変更**をクリックして画面の指示に従ってパスワードを変更します。

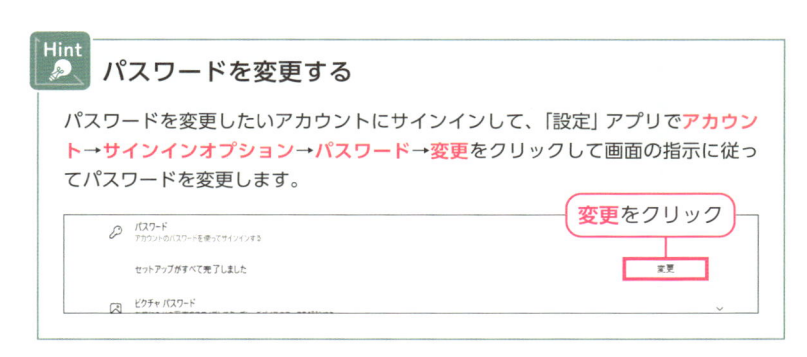

変更をクリック

20 PINを設定する

PINを登録すると、ロック画面でパスワードを入力するかわりに、設定したPIN（4桁の数字）を入力してサインインできるようになります。なお、PINを設定するにはWindowsのパスワードを設定している必要があります（52ページを参照）。また、Microsoftアカウントでもローカルアカウントでも設定でき、パソコンのセットアップ時にも設定できます。

⠿ PINを設定する

「設定」アプリを起動して（18ページを参照）、**アカウント**から**サインインオプション**をクリックします。

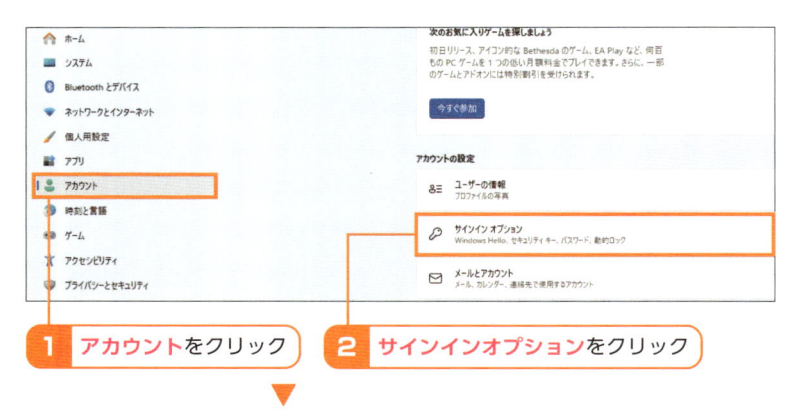

1 アカウントをクリック **2 サインインオプション**をクリック

PINから**セットアップ**をクリックします。

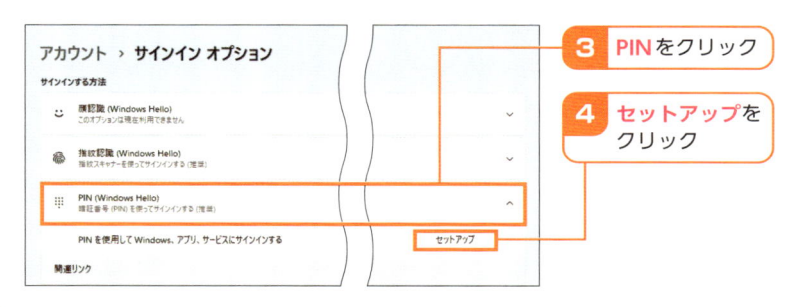

3 PINをクリック

4 セットアップを
クリック

次へをクリックします。ここではMicrosoftアカウントでの設定を行います。ローカルアカウントでは、53ページで設定したパスワードを入力しOKをクリックします。以降は同様の手順で設定を行えます。

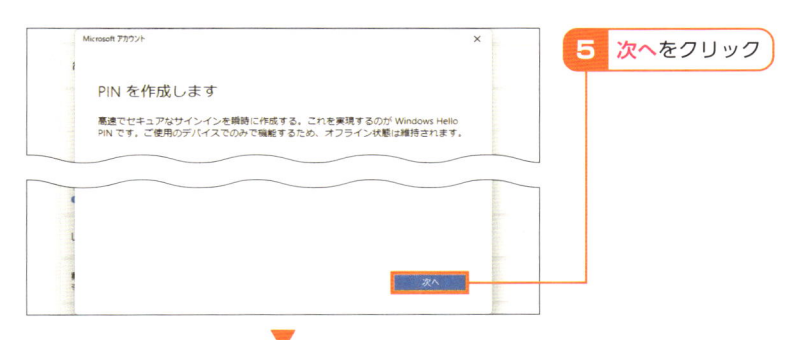

5 次へをクリック

2

基本操作

アカウントのパスワードを入力して**サインイン**をクリックします。

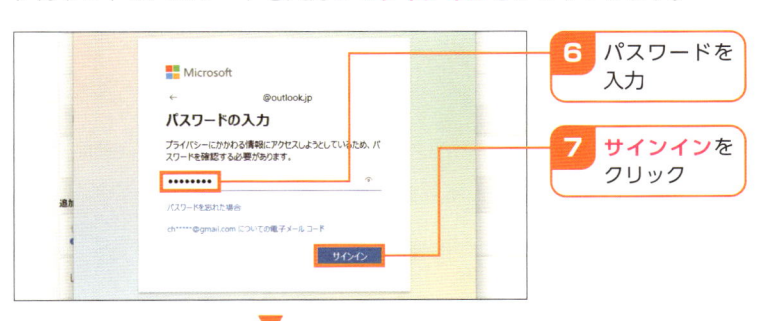

6 パスワードを入力

7 サインインをクリック

設定したいPINを2箇所に入力し、OKをクリックするとPINが設定されます。設定後は、ロック画面がパスワードを入力する画面からPINを入力する画面に変更されます。

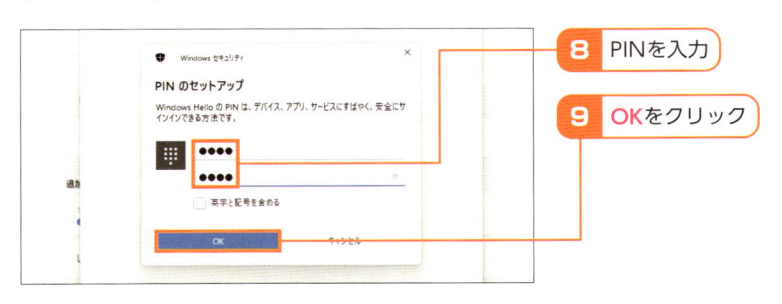

8 PINを入力

9 OKをクリック

21 離席中にパソコンを操作されないようにする

パソコンの操作画面を表示したまま離席すると、誰でもアクセスできる状態になり危険です。Windowsをロックすると、操作するにはアカウントへの再サインインが必要になります。設定しているパスワードやPINを入力してロックを解除しましょう。

▦ 離席時にWindowsをロックする

タスクバーの「▦」をクリックし、「⏻」をクリックします。

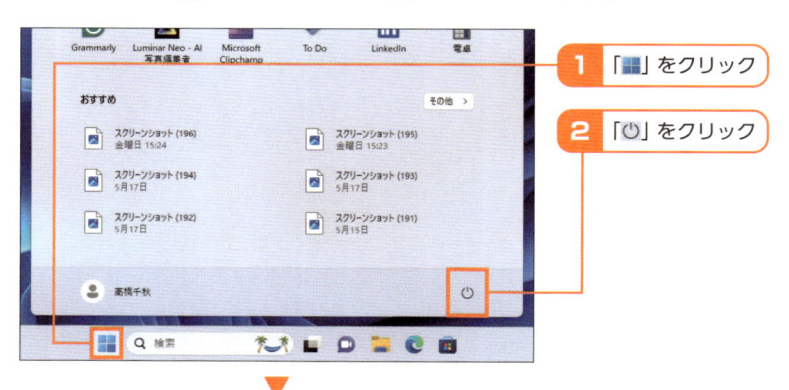

1 「▦」をクリック

2 「⏻」をクリック

▼

ロックをクリックします。

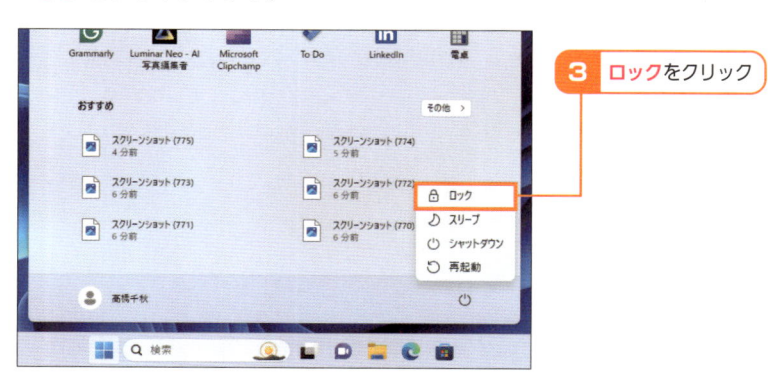

3 **ロック**をクリック

⠿ **Windowsのロックを解除する**

ロック画面でキーボードの任意のキーを押す、またはマウスでクリックします。

ここではPINを入力します。PINを設定していない場合は、パスワードを入力してください。

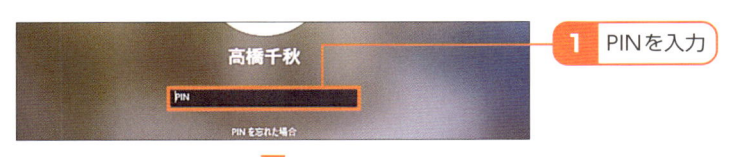

ロックが解除され、デスクトップ画面が表示されます。

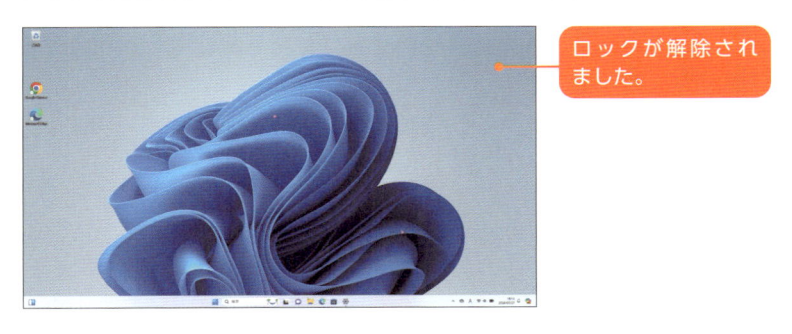

Hint 🔍 **ショートカットキーを利用する**

Windowsのロックは、ショートカットキーで行うことも可能です。キーボードの
⊞ + Ⓛを押します。

ファイアウォールを
有効にする

ファイアウォールとは、外部からの不正アクセスや攻撃からネットワーク
やコンピュータを守るための機能です。ここではファイアウォールが
Windows標準機能であることと、機能が標準で有効になっていることを
確認しましょう。

ファイアウォールが有効かを確認する

「設定」アプリを起動して（18ページを参照）、**プライバシーとセキュリ
ティ**から**Windowsセキュリティ**をクリックします。

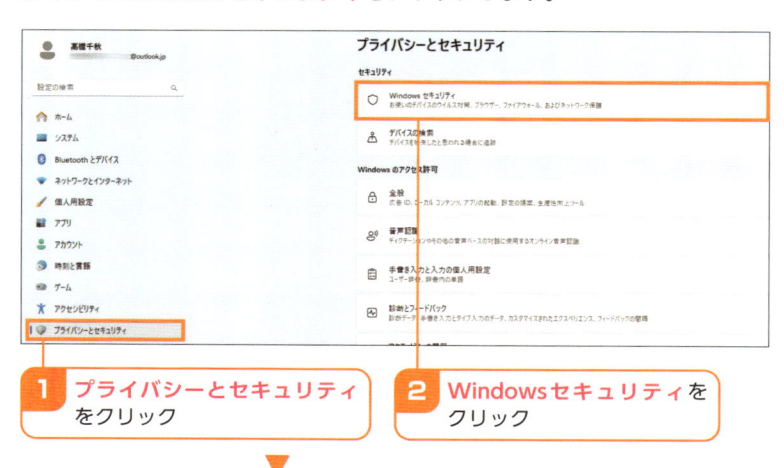

1 プライバシーとセキュリティ
をクリック

2 Windowsセキュリティを
クリック

▼

Windowsセキュリティを開くをクリックします。

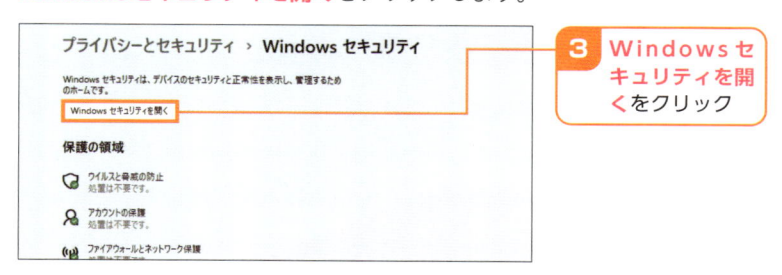

3 Windowsセ
キュリティを開
くをクリック

「Windowsセキュリティ」の画面が表示されます。**ファイアウォールと
ネットワーク保護**をクリックします。

確認したいネットワークをクリックします。

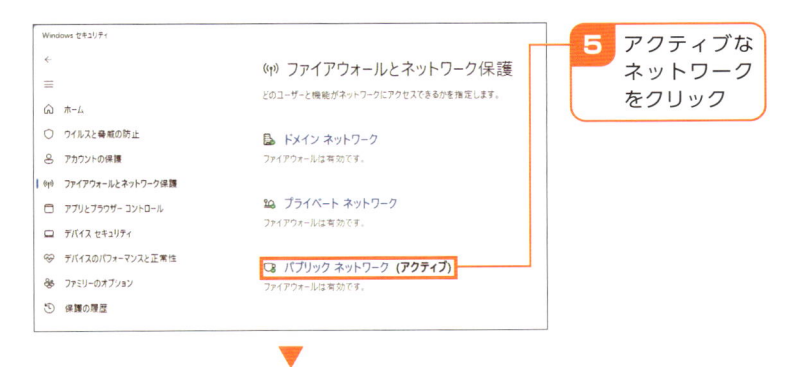

ファイアウォールがオンになっていることを確認します。

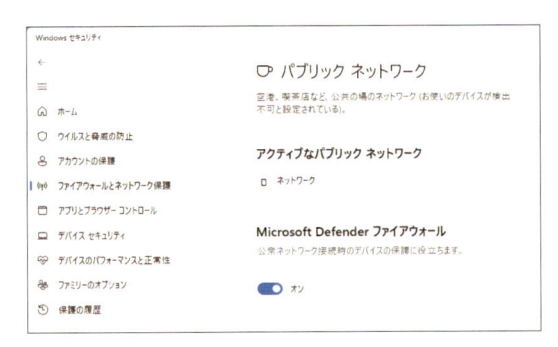

23 フリーWi-Fiと接続する

フリーWi-Fiとは、誰でも自由に無料で接続できる無線ネットワークのことです。公共の施設や交通機関、一部のお店などで提供されています。フリーWi-Fiによってログイン方法はさまざまですが、ここでは、パスワードを入力せずにメールアドレスを登録して接続する方法を解説します。なお、誰でも利用できる分、情報漏洩などのリスクがあるため、セキュリティに注意してフリーWi-Fiを利用しましょう。

フリーWi-Fiと接続する

「設定」アプリを起動して（18ページを参照）、**ネットワークとインターネット**から**Wi-Fi**をクリックします。

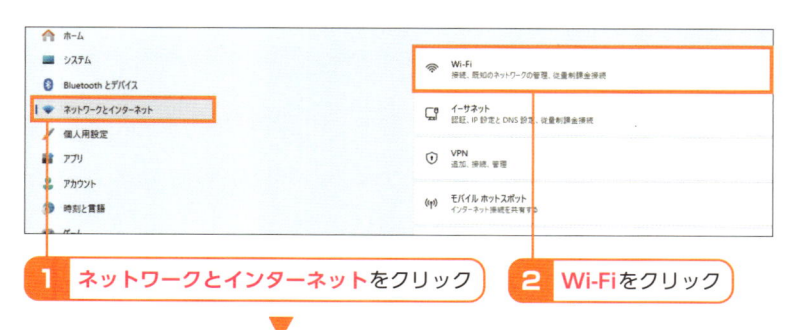

1 ネットワークとインターネットをクリック　　**2 Wi-Fiをクリック**

利用できるネットワークを表示をクリックし、利用するフリーWi-Fiを確認後にクリックして**接続**をクリックします。

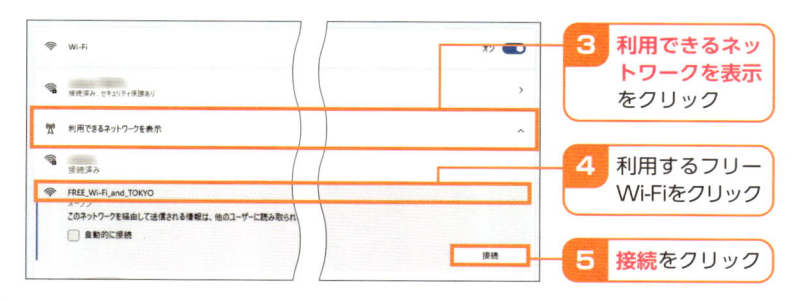

3 利用できるネットワークを表示をクリック

4 利用するフリーWi-Fiをクリック

5 接続をクリック

Webブラウザーが起動し、フリーWi-Fiを提供する公式サイト（ここでは
東京都が提供する「TOKYO FREE Wi-Fi」を例に解説します）の利用規約
画面が表示されます。**上記に同意する**をクリックし、接続方法（ここでは
メールアドレスで利用登録）をクリックします。

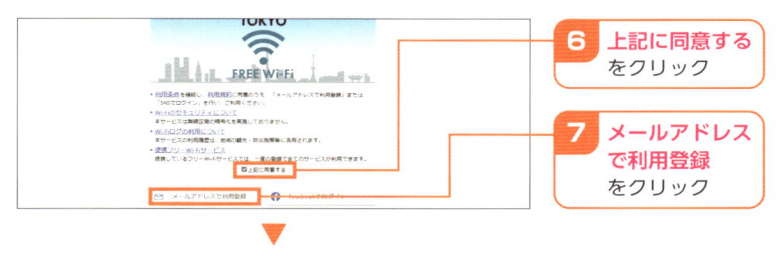

2

基本操作

メールドレスを入力し、**仮登録**をクリックします。

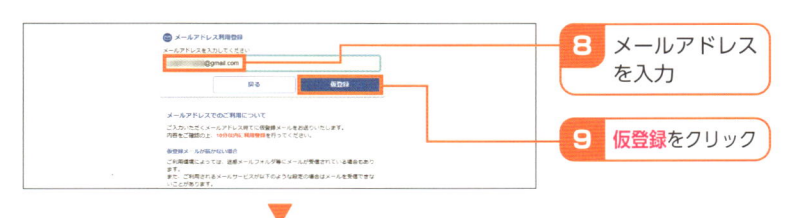

送信をクリックします。

利用登録したメールドレス宛にメールが届くので、**URL**をクリックすると
インターネット接続が開始されます。接続方法はフリーWi-Fiによって異
なるので、画面などに従って設定を行ってください。

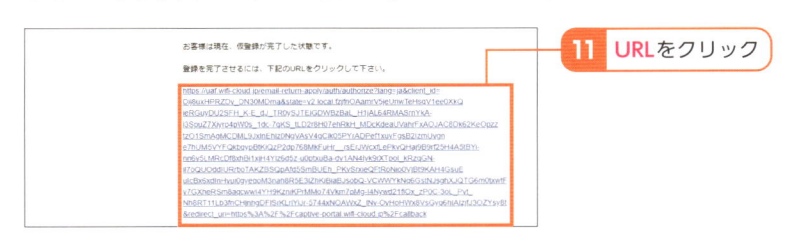

24 電源とスリープの設定

Windows では、画面の電源を切るまでの時間や、スリープ状態にするまでの時間を設定できます。各自、電力消費を抑えるために、設定しておきましょう。

▦ 画面の電源とスリープを設定する

「設定」アプリを起動して（18 ページを参照）、**システム**から**電源とバッテリー**をクリックします。

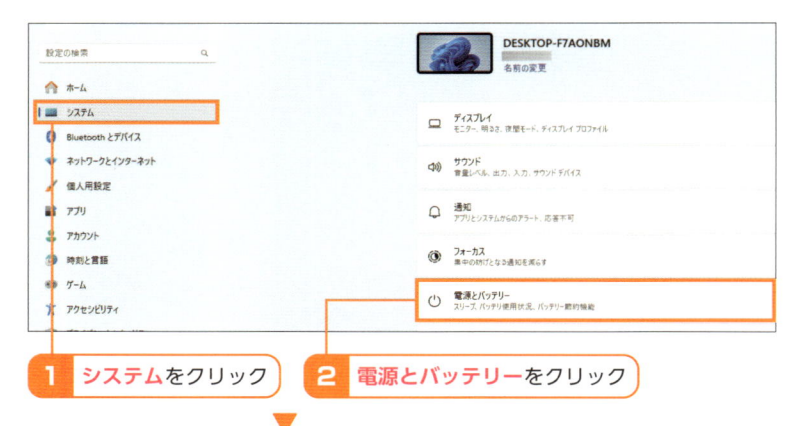

1 **システムをクリック**　　**2** **電源とバッテリーをクリック**

▼

画面とスリープをクリックします。

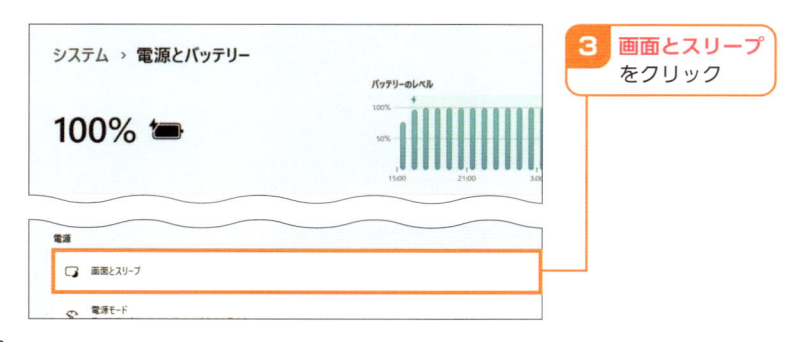

3 **画面とスリープをクリック**

上側の2項目で画面の電源を切るタイミングを、下側の2項目でスリープのタイミングを設定できます。各項目の設定されている時間をクリックします（設定されていない場合は「なし」と表示されます）。

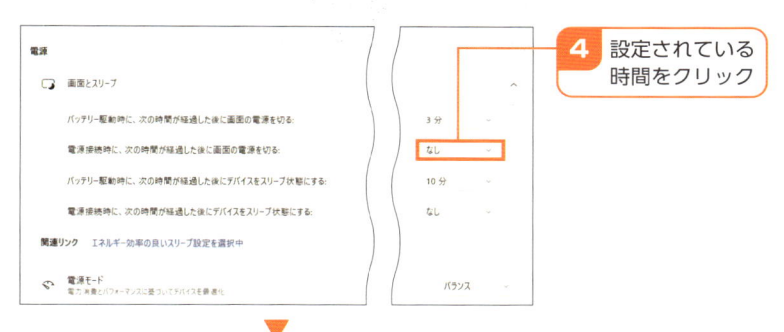

4 設定されている時間をクリック

設定したい時間（ここでは**30分**）をクリックして選択します。

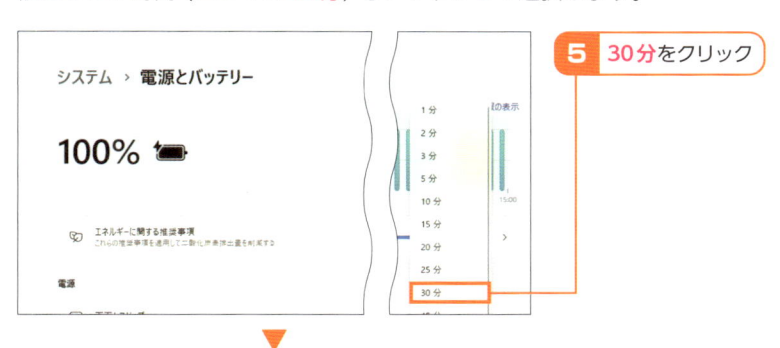

5 30分をクリック

時間が変更されます。同様の操作を繰り返して、画面の電源とスリープの設定を完了させます。

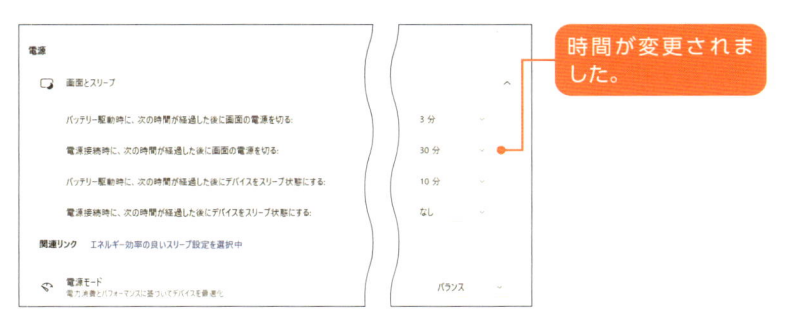

時間が変更されました。

25 バッテリーを
長持ちさせるには

ノートパソコンの使い方によっては、バッテリーの劣化や消耗が早まった
り熱がこもりやすくなったりして故障の原因になる場合があります。バッ
テリーを長持ちさせ、少しでも長くノートパソコンを利用できる環境を整
えることで、作業しやすくなります。

バッテリーを長持ちさせるには

バッテリーを長持ちさせるために、Windowsにはさまざまな機能が備
わっています。少しでも寿命を延ばすために、以下の方法を試してみてく
ださい。

・モニターの輝度を下げる
・無線LANやBluetoothをオフにする
・使用していないソフトウェアやアプリは閉じる
・こまめにスリープ状態にする
・ダークモードを有効にする
・スクリーンセーバーを設定する
・夜間モードを有効にする
・バッテリー節約機能を有効にする

また、「設定」アプリでは、省エネに関する推奨事項を確認し、各項目の
オン / オフを切り替えられます。

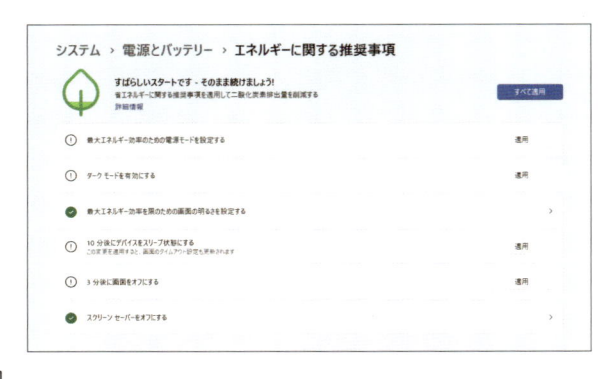

第 **3** 章

ファイルと
フォルダー

26 ファイルを開く

作成したりダウンロードしたファイルは、エクスプローラーから確認できます。目的のファイルをダブルクリックすると、対応するアプリが起動し、ファイルの内容の確認や編集を行うことが可能です。

⠿ エクスプローラーでファイルを開く

タスクバーの「📁」をクリックします。

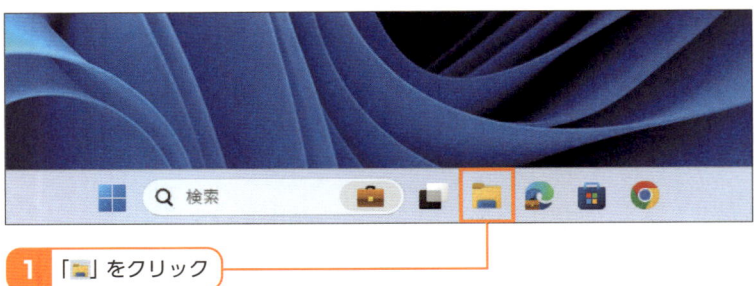

1 「📁」をクリック

▼

エクスプローラーが起動します。開きたいファイルのフォルダーをクリックで選択し、目的のファイルをダブルクリックすると、アプリが起動して、ファイルが開きます。

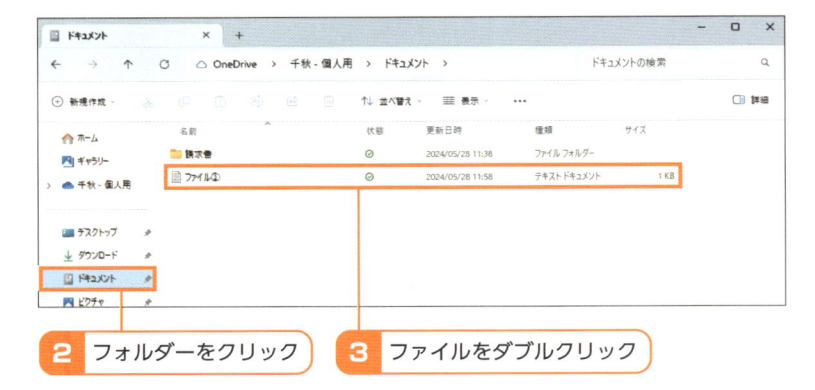

2 フォルダーをクリック　　**3** ファイルをダブルクリック

▓▓▓ ファイル名を変更する

エクスプローラーで、ファイル名を変更したいファイルを右クリックします。

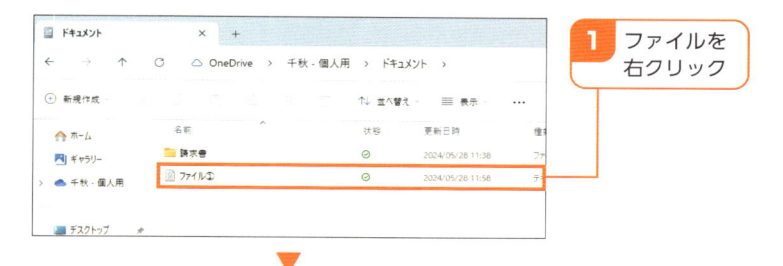

1 ファイルを右クリック

「⊡」をクリックします。

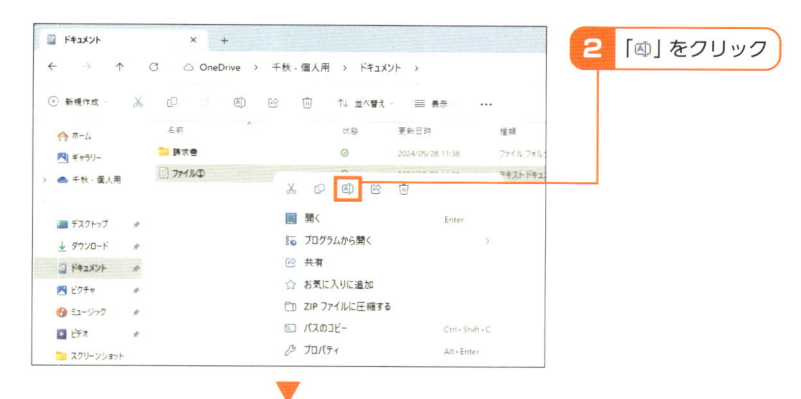

2 「⊡」をクリック

ファイル名を入力して、[Enter]を押すと、ファイル名が変更されます。

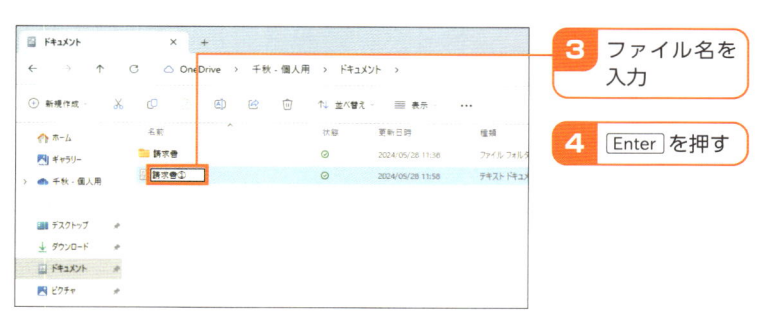

3 ファイル名を入力

4 [Enter]を押す

ファイルを複製する

ファイルやフォルダーは、コピーして別の場所に貼り付けることで複製できます。コピーしたファイルやフォルダーは「○○ - コピー」という名前で表示されます。ここでは、ファイルを例にして複製を行ってみましょう。

ファイルをコピーする

エクスプローラーで、コピーしたいファイルを右クリックします。

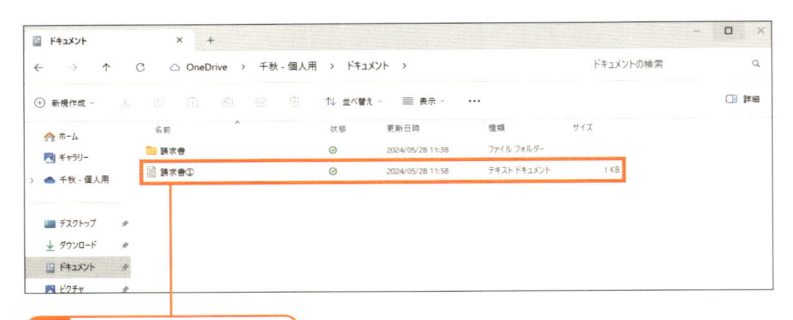

1 ファイルを右クリック

「」をクリックすると、ファイルがコピーされます。

2 「□」をクリック

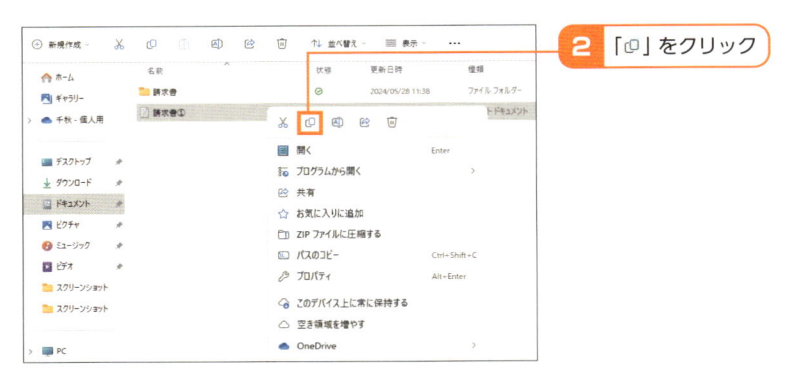

::: ファイルを貼り付ける

エクスプローラーで、ファイルを貼り付けたい場所に移動し、何もない空間を右クリックします。

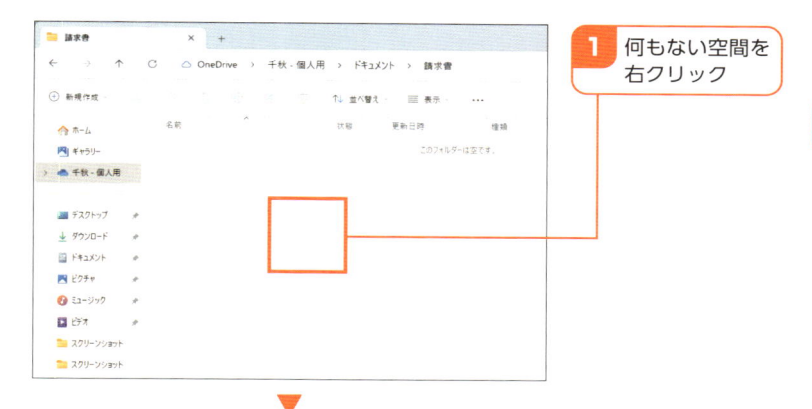

1 何もない空間を
右クリック

「📋」をクリックすると、ファイルが貼り付けられます。

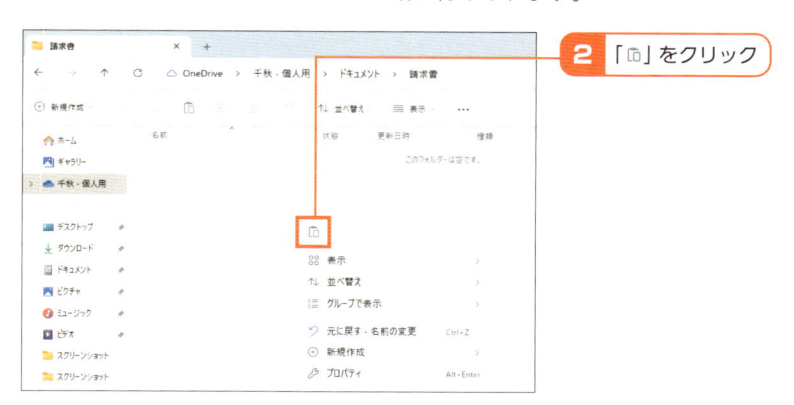

2 「📋」をクリック

Hint ショートカットキーを利用する

コピーと貼り付けの操作は、ショートカットキーで行うことも可能です。コピーする場合は、ファイルやフォルダーを選択してキーボードの Ctrl + C を、貼り付けの場合は Ctrl + V を押しましょう。

ファイルを検索する

目的のファイルが見つけられない場合は、エクスプローラーでキーワードを入力し、検索しましょう。名前にキーワードを含んだファイルやフォルダーが一覧で表示されます。また、タスクバーの「検索ボックス」からも、ファイルやフォルダーの検索が行えます（40ページを参照）。

エクスプローラーでファイルを検索する

エクスプローラーで、ファイルを検索したいフォルダーをクリックして選択します。

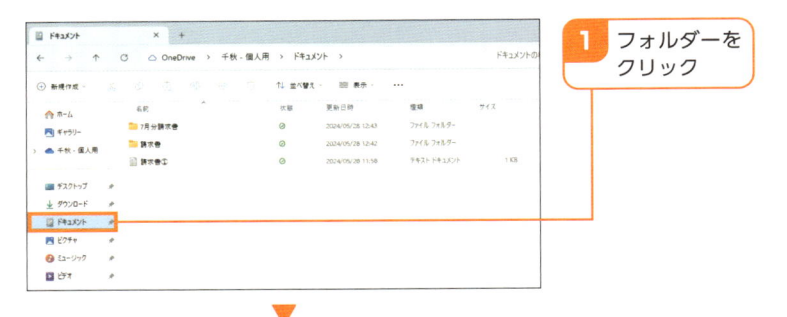

1 フォルダーをクリック

画面右上にある「検索ボックス」をクリックし、検索したいファイル名などのキーワードを入力して（ここでは「**請求書**」と入力）、Enter を押します。

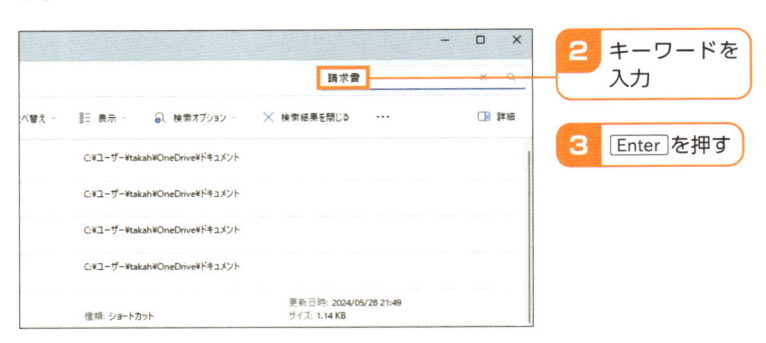

2 キーワードを入力

3 Enter を押す

検索が実行されて、入力したキーワードが含まれるファイルやフォルダーが一覧で表示されます。

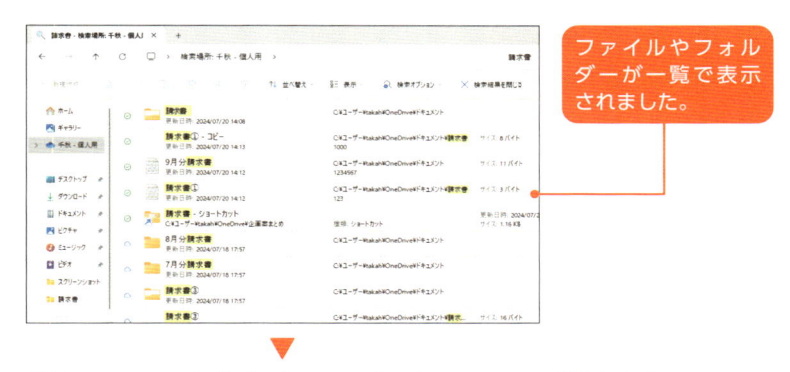

ファイルやフォルダーが一覧で表示されました。

目的のファイルをダブルクリックすると、ファイルが開きます。

4 ファイルをダブルクリック

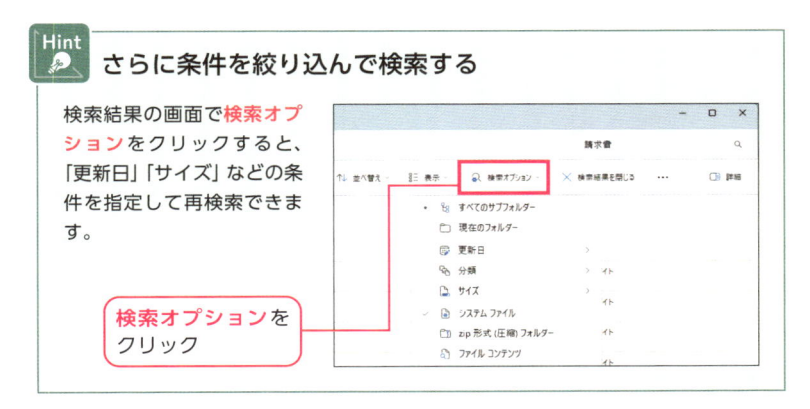

Hint さらに条件を絞り込んで検索する

検索結果の画面で**検索オプション**をクリックすると、「更新日」「サイズ」などの条件を指定して再検索できます。

検索オプションをクリック

ファイルを移動/削除する

任意のフォルダー内に保存されたファイルを、別のフォルダーに移動させることができます。そうすることによって、エクスプローラー内を整理でき、目的のファイルを見つけやすくなります。また、フォルダーごと移動させることも可能です。

ファイルを別のフォルダーに移動する

エクスプローラーで、移動するファイルを、移動先のフォルダーまでドラッグし、「○○へ移動」と表示されたらドロップします（マウスの左ボタンから手を離します）。

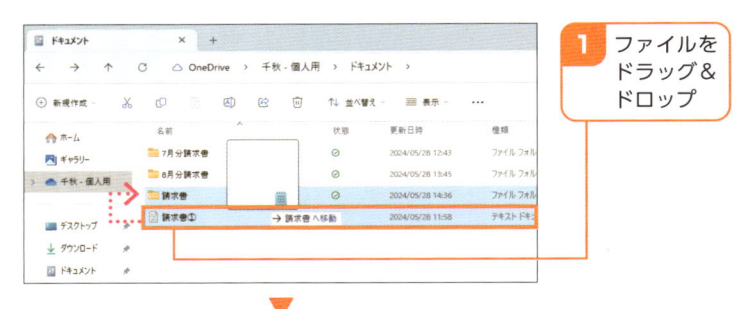

1 ファイルをドラッグ＆ドロップ

ファイルがフォルダーに移動します。移動先のフォルダーをダブルクリックすると、移動したファイルを確認できます。フォルダーをドラッグ＆ドロップすれば、フォルダーごと移動されます。

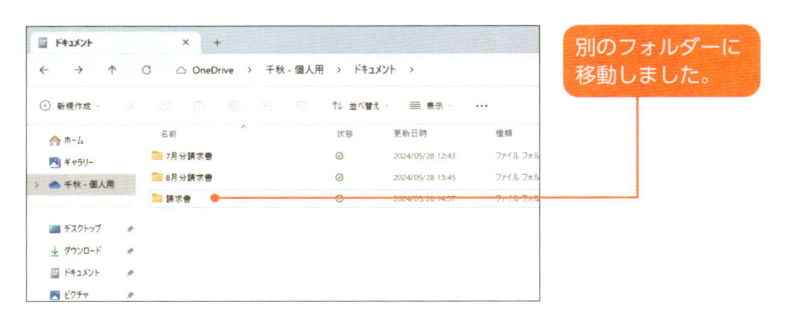

別のフォルダーに移動しました。

▦ ファイルを削除する

エクスプローラーで、削除したいファイルを右クリックします。

1 ファイルを右クリック

▼

「🗑」をクリックすると、ファイルが削除されます。

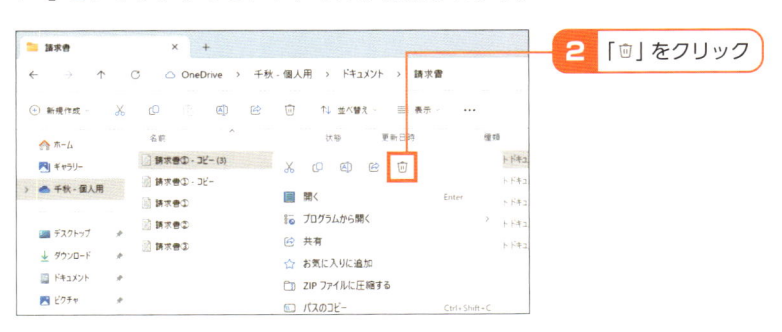

2 「🗑」をクリック

Hint 間違えてファイルを削除した場合

削除したアイテムは、デスクトップにある「ごみ箱」から復元できます。One Driveと同期している場合は、OneDriveのごみ箱からも復元できます。詳しくは92ページを参照してください。

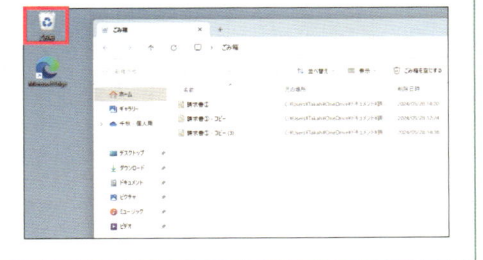

フォルダーを作成する

フォルダーとは、文章や写真、音声データなどのファイルをまとめて保存できる場所です。任意の名前を付けられるので、カテゴリ別、日付別などに分けてファイルを整理できます。

新しいフォルダーを作成する

エクスプローラーで、フォルダーを作成したい場所に移動し、何もない空間を右クリックします。

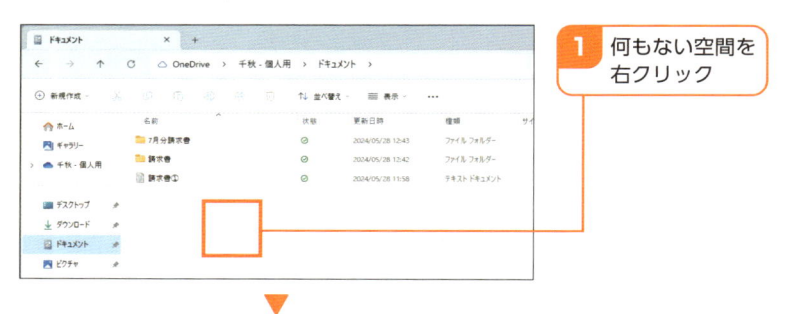

1 何もない空間を右クリック

新規作成にマウスカーソルを合わせると表示される**フォルダー**をクリックすると、新しいフォルダーが作成されます。

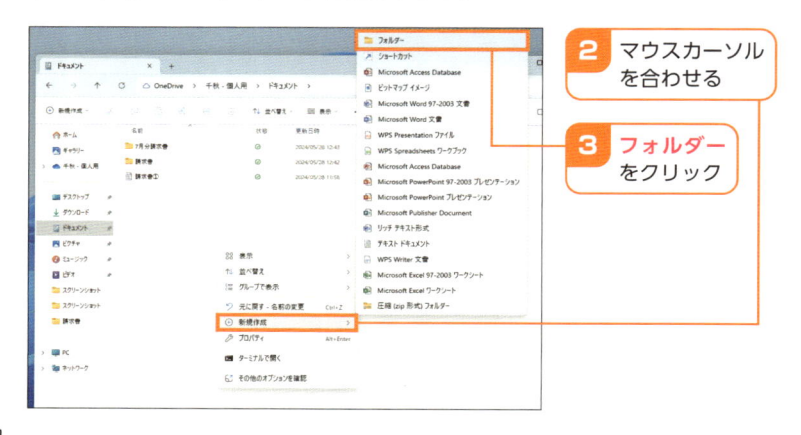

2 マウスカーソルを合わせる

3 **フォルダー**をクリック

▓ フォルダー名を変更する

エクスプローラーで、名前を変更したいフォルダーを右クリックします。
なお、新しいフォルダーを作成直後は、すぐに名前を入力できる状態に
なっています。

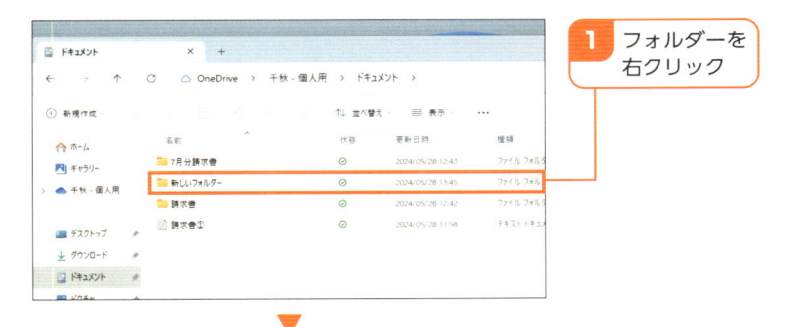

1 フォルダーを右クリック

「⚙」をクリックします。

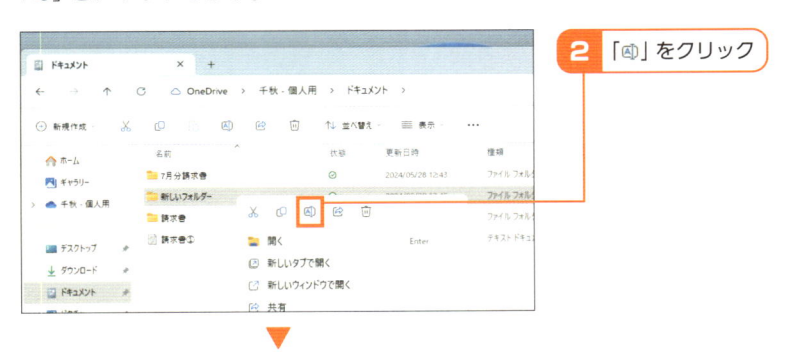

2 「⚙」をクリック

フォルダー名を入力して Enter を押すと、フォルダー名が変更されます。

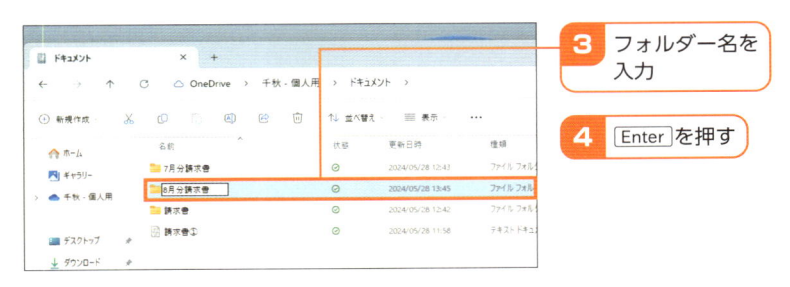

3 フォルダー名を入力

4 Enter を押す

ファイルやフォルダーの表示形式を変更する

エクスプローラーにあるファイルやフォルダーは、表示形式を変更できます。リスト表示やアイコン表示などがあり、アイテムを見つけやすいように変更できます。

表示形式の種類

エクスプローラーでは、ファイルやフォルダーなどの表示形式を変更することができます。「特大アイコン」「小アイコン」「一覧」「詳細」など8種類が用意されており、自分が閲覧しやすいように好みのスタイルに切り替えられます。なお、表示形式は全体に適応されるわけではなく、設定した場所にのみ適応されます。

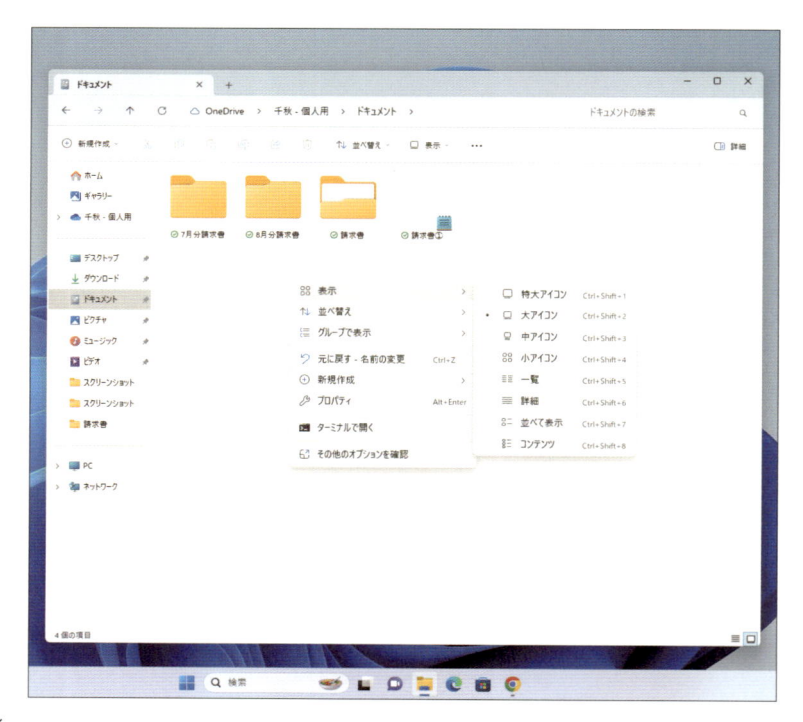

ファイルやフォルダーの表示形式を変更する

エクスプローラーで、表示形式を変更したい場所に移動し、何もない空間を右クリックします。

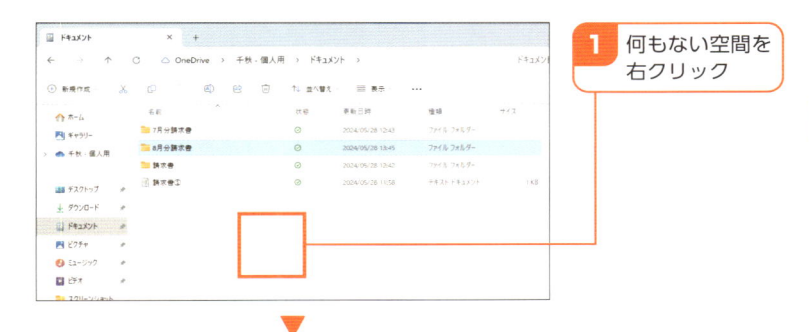

1 何もない空間を右クリック

表示にマウスカーソルを合わせると、表示形式が表示されます。ここでは**特大アイコン**をクリックします。

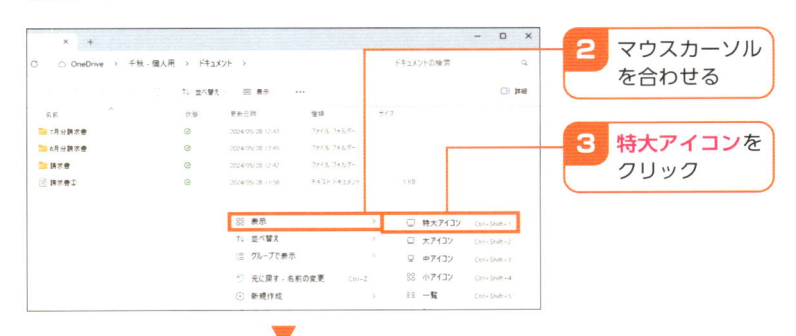

2 マウスカーソルを合わせる

3 **特大アイコン**をクリック

表示形式が変更されます。

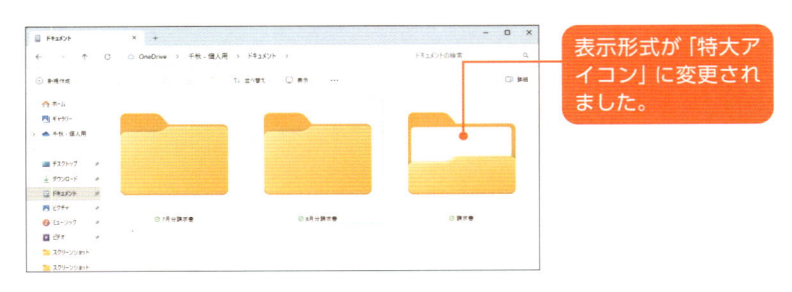

表示形式が「特大アイコン」に変更されました。

フォルダーの
クイックアクセス

クイックアクセスとは、エクスプローラーを起動して最初に表示される
「ホーム」にある「よく使用されるフォルダー」などの項目です。デフォル
トでは「デスクトップ」や「ピクチャ」などが追加されており、使用頻度の
高いフォルダーは自動的に追加されるようになっています。ここに任意の
フォルダーを追加することで、すばやくアクセスできるようになります。

▦ クイックアクセスにフォルダーを追加する

エクスプローラーで、クイックアクセスに追加したいフォルダーを右ク
リックします。

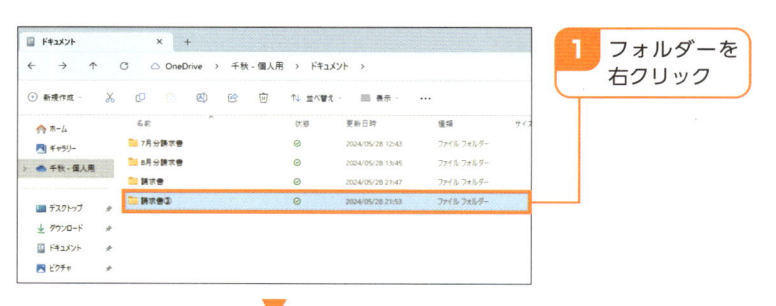

1 フォルダーを
右クリック

▼

クイックアクセスにピン留めするをクリックすると、クイックアクセスに
フォルダーが追加されます。

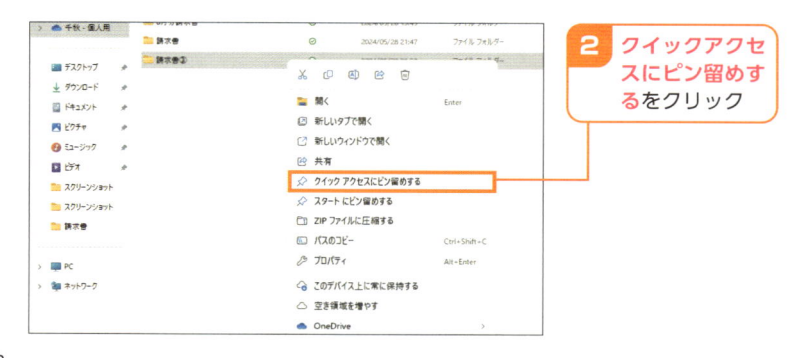

2 クイックアクセ
スにピン留めす
るをクリック

▦ クイックアクセスからフォルダーを解除する

エクスプローラーで、**ホーム**をクリックし、クイックアクセスから解除したいフォルダーを右クリックします。

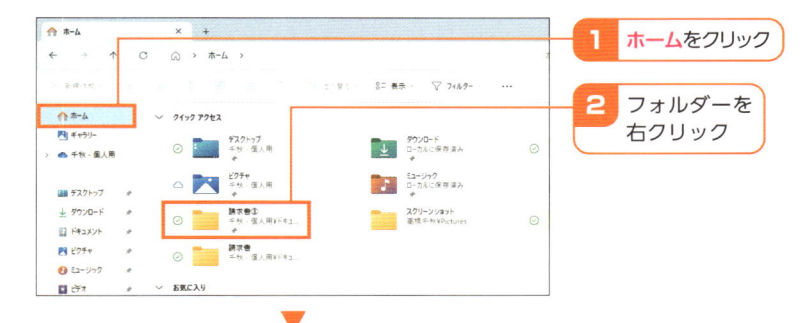

1 ホームをクリック

2 フォルダーを
右クリック

クイックアクセスからピン留めを外すをクリックします。

3 クイックアクセスからピン留めを外すをクリック

クイックアクセスからフォルダーが解除されます。

フォルダーが解除
されました。

ショートカットを作成する

ショートカットを作成すると、頻繁に使用するファイルやフォルダーにすばやくアクセスできるようになります。ショートカットのアイコンは、左下に矢印のマークがあるのが特徴です。ここでは、フォルダーのショートカットを作成します。

フォルダーのショートカットを作成する

エクスプローラーで、ショートカットを作成したいフォルダーを右クリックします。

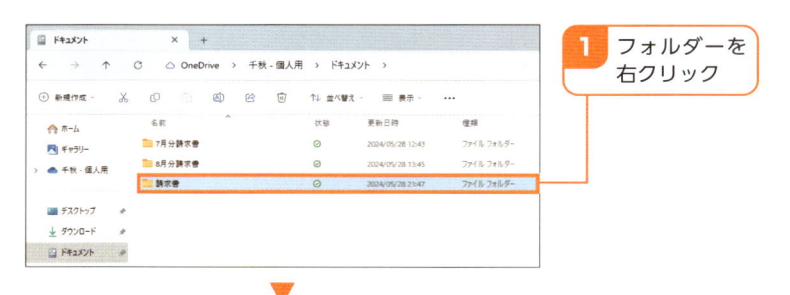

> **1** フォルダーを右クリック

▼

その他のオプションを確認をクリックします。

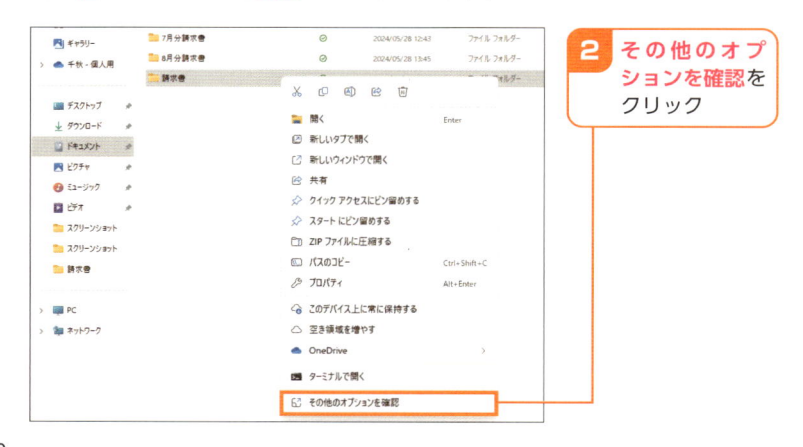

> **2** その他のオプションを確認をクリック

ショートカットの作成をクリックします。

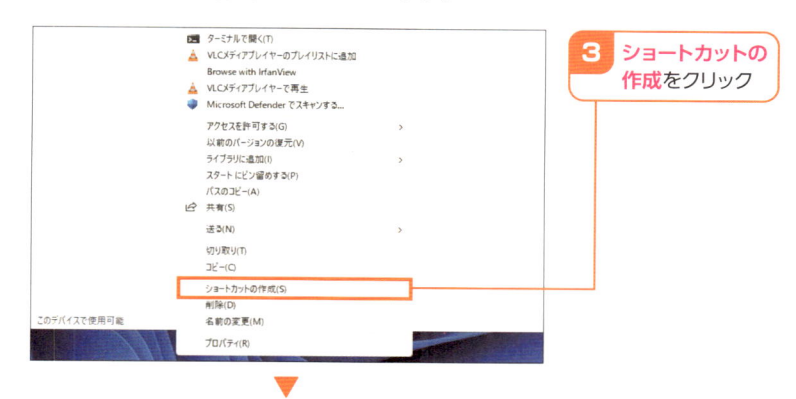

3 ショートカットの作成をクリック

フォルダーと同じ場所にショートカットが作成されます。ショートカット
は、ドラッグ＆ドロップで好きな場所に移動できます。

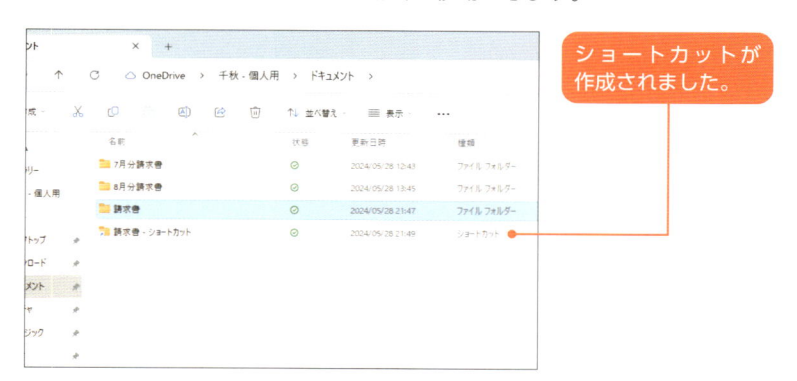

ショートカットが作成されました。

Hint デスクトップ画面にショートカットを作成する

フォルダーを右クリックして、**その他のオプション
を確認→送る→デスクトップ（ショートカットを作
成）**をクリックすると、デスクトップ画面にフォル
ダーのショートカットが作成されます。

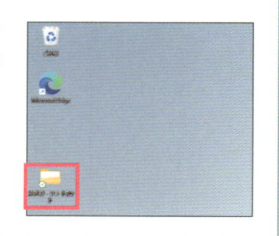

34 ファイルを圧縮/展開する

圧縮とは、1つまたは複数のファイルやフォルダーをまとめて、容量を軽くすることです。大量のファイルが入ったフォルダーをメールなどで他者に送るときに使われることが多いです。展開とは、圧縮したデータを元の状態に戻すことです。

ファイルを圧縮する

エクスプローラーで、圧縮したいファイルを右クリックします。

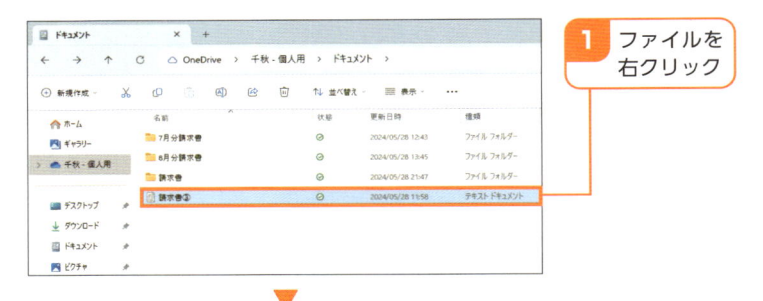

1 ファイルを右クリック

ZIPファイルに圧縮するをクリックすると、圧縮されたファイルが作成されます。

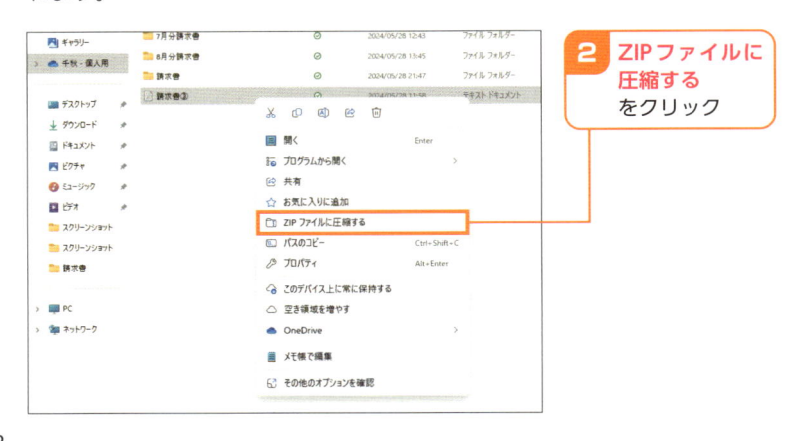

2 ZIPファイルに圧縮するをクリック

▦ ファイルを展開する

エクスプローラーで、展開したいファイルを右クリックします。

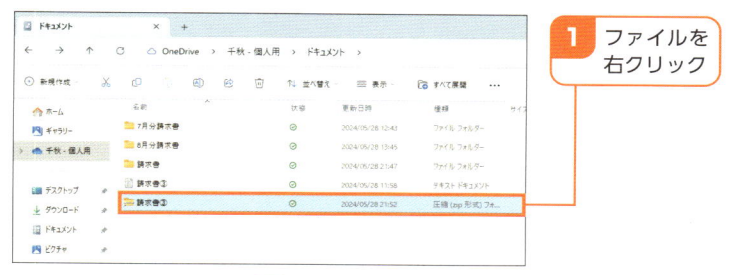

1 ファイルを右クリック

すべて展開をクリックします。

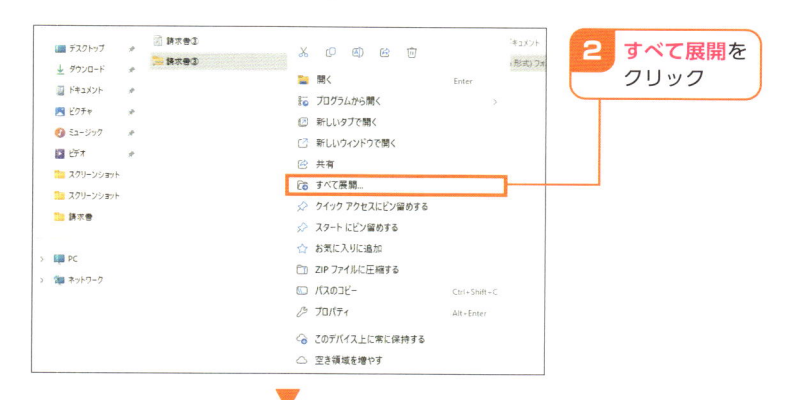

2 **すべて展開**をクリック

展開をクリックすると、ファイルと同じ場所に展開されます。**参照**をクリックして、展開先の場所を選択することもできます。

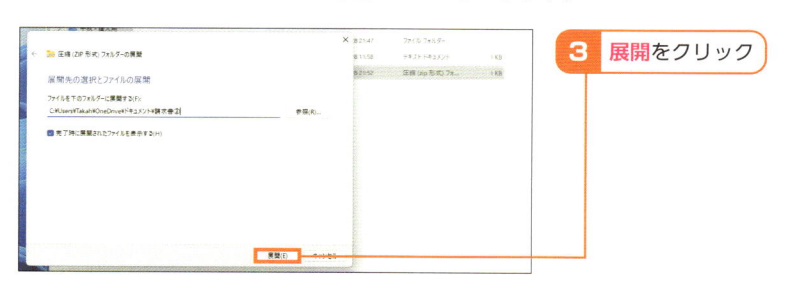

3 **展開**をクリック

USBメモリを利用する

USBメモリをパソコンに接続すると、メモリ内に保存されたデータを利用できます。パソコン内のフォルダーやデスクトップ画面などにデータをコピーしたり、パソコン内にあるデータをUSBメモリに移すことができます。

USBメモリにデータをコピーする

エクスプローラーで、コピーしたいデータ（ファイルやフォルダー）を右クリックして「⧉」をクリックします。

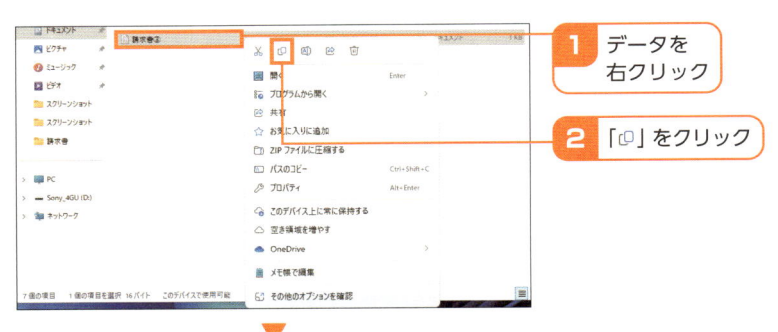

1 データを右クリック

2 「⧉」をクリック

USBメモリのドライブをクリックし、移行したい場所を表示して、何もない空間を右クリックします。「⧉」をクリックするとデータが貼り付けられます。

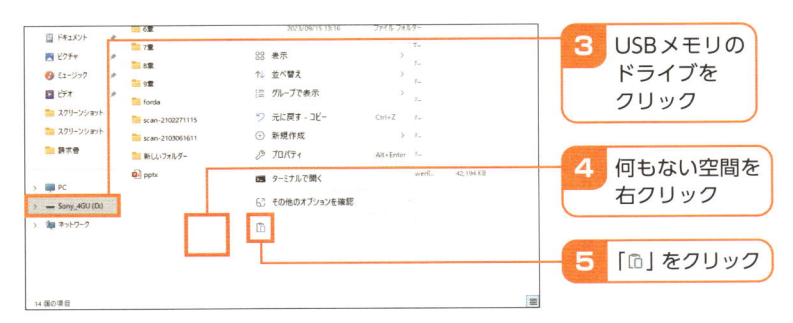

3 USBメモリのドライブをクリック

4 何もない空間を右クリック

5 「⧉」をクリック

⠿ USBメモリからデータを取り出す

エクスプローラーでUSBメモリのドライブをクリックすると、保存して
いるデータが表示されます。取り出したいデータを右クリックして「⧉」
をクリックします。

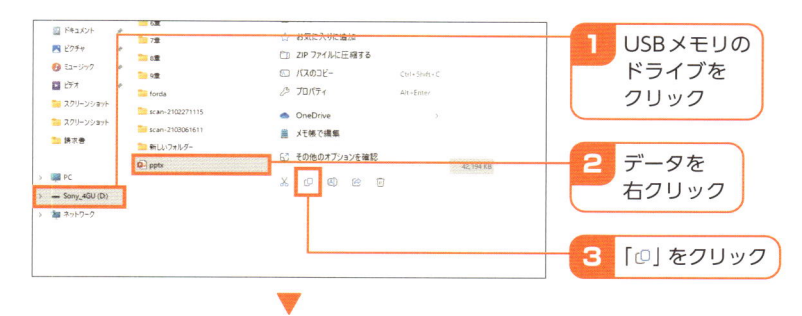

1 USBメモリの
ドライブを
クリック

2 データを
右クリック

3 「⧉」をクリック

▼

エクスプローラー内で貼り付けたい場所に移動し、何もない空間を右ク
リックします。「⧉」をクリックするとデータが貼り付けられます。

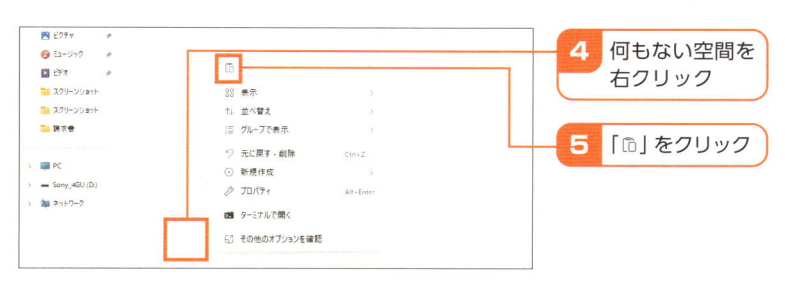

4 何もない空間を
右クリック

5 「⧉」をクリック

Hint ドラッグ＆ドロップでデータをコピーする

2つのエクスプローラーを横に
並べて、エクスプローラー内の
フォルダーとUSBメモリのドラ
イブをそれぞれ表示させます。
コピーしたいデータをドラッグ
＆ドロップすると、データを簡
単にコピーできます。

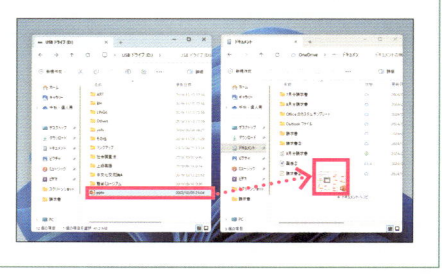

アプリを指定して
ファイルを開く

ファイルの種類（拡張子）ごとに既定のアプリが関連付けられています。
ダブルクリックすると、関連付けられたアプリが起動するようになっています。自分が利用しやすいように他のアプリで開いたり、既定のアプリを変更したりできます。なお、ファイルに対応していないアプリを選択してしまうとファイルが開けない場合があるため、気をつけましょう。

エクスプローラーでアプリを指定してファイルを開く

エクスプローラーで、アプリを指定して開くファイルを右クリックします。

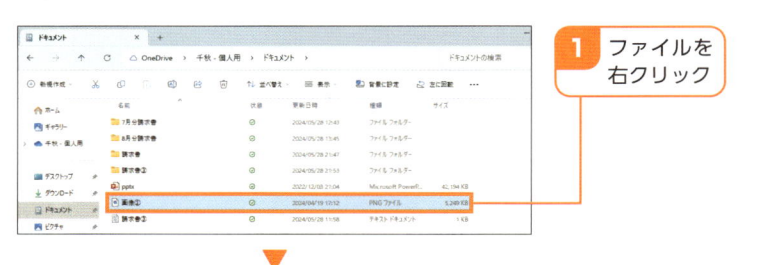

1 ファイルを右クリック

プログラムから開くにマウスカーソルを合わせ、表示される一覧から起動するアプリをクリックすると、そのアプリ上でファイルが開きます。

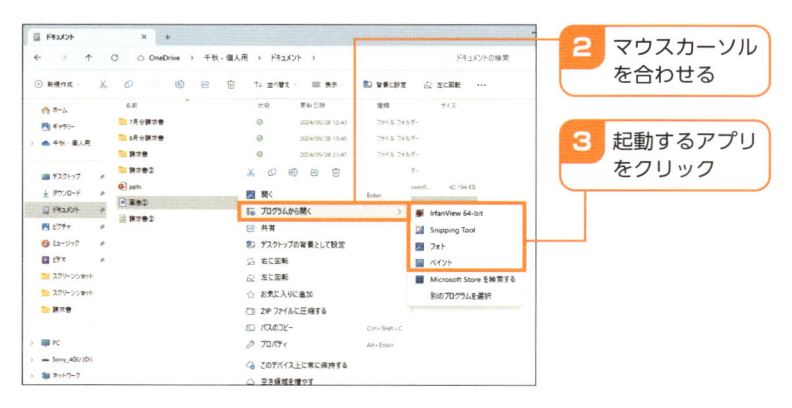

2 マウスカーソルを合わせる

3 起動するアプリをクリック

エクスプローラーで既定のアプリを変更する

エクスプローラーで、既定のアプリを変更したいファイルを右クリックします。

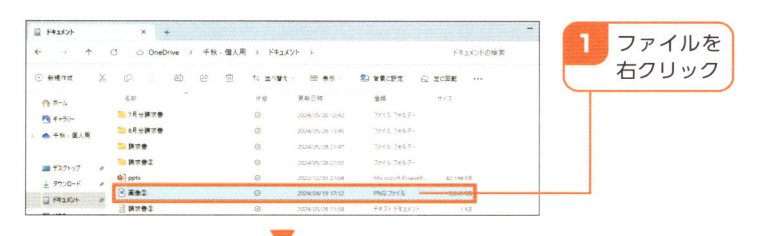

1 ファイルを右クリック

↓

プログラムから開くにマウスカーソルを合わせ、**別のプログラムを選択**をクリックします。

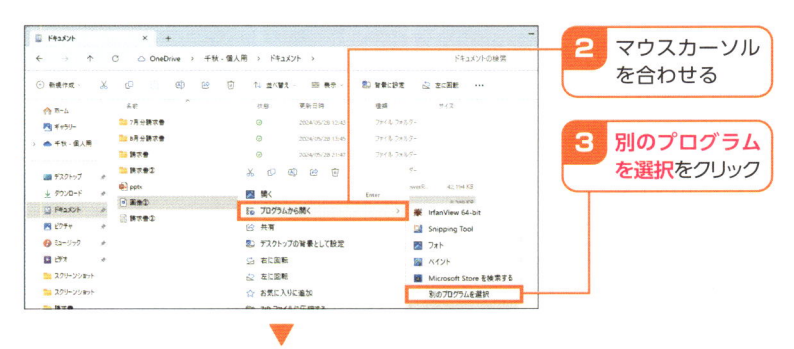

2 マウスカーソルを合わせる

3 **別のプログラムを選択**をクリック

↓

「既定のアプリ」に表示されているアプリが常に開かれるアプリです。変更するアプリをクリックして選択し、**常に使う**をクリックすると、既定のアプリが変更されます。

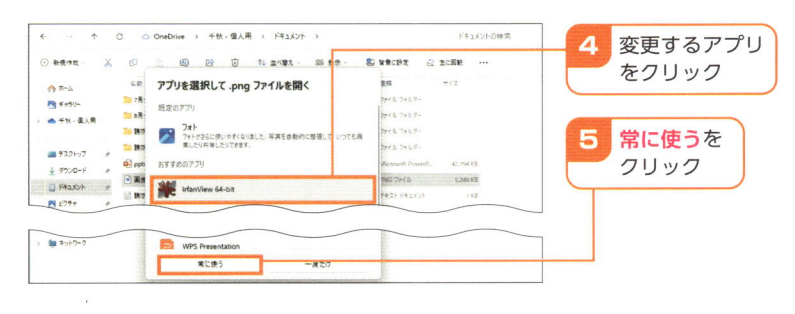

4 変更するアプリをクリック

5 **常に使う**をクリック

ファイルを開くアプリを変更する

「設定」アプリからも、ファイルの拡張子ごとに、既定のアプリを設定できます。拡張子でファイルの種類を判別し、どのアプリで開くかという選択が可能になっています。使いやすいように設定しましょう。

■ ファイルの種類ごとに既定のアプリを選択する

「設定」アプリを起動して（18ページを参照）、**アプリ**から**既定のアプリ**をクリックします。

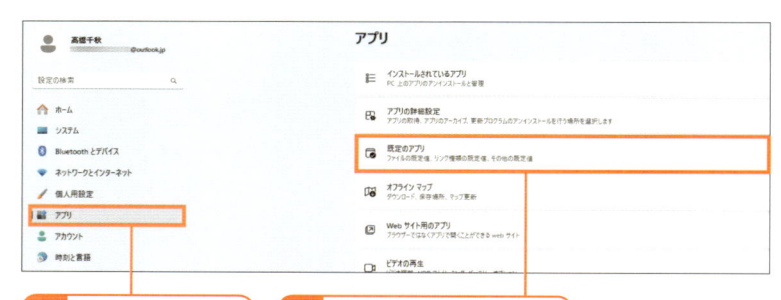

1 **アプリ**をクリック　　**2** **既定のアプリ**をクリック

▼

ファイルの種類で既定値を選択するをクリックします。

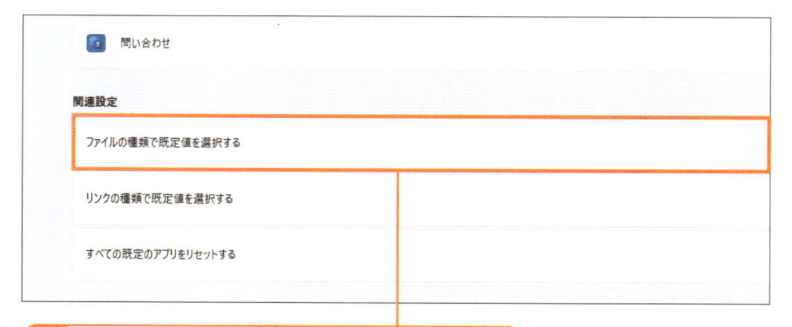

3 **ファイルの種類で既定値を選択する**をクリック

ファイルの拡張子ごとに起動する既定のアプリを選択します。検索ボックスに拡張子を入力し、検索結果から変更したいファイルの種類をクリックで指定します。

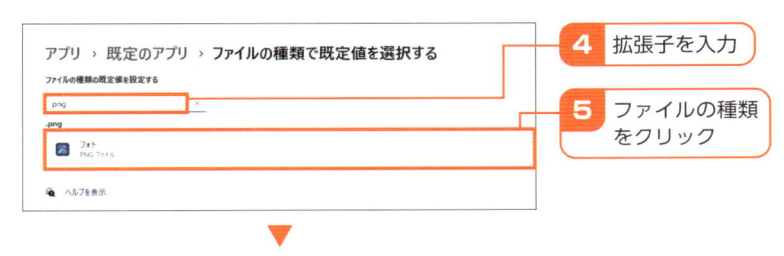

4 拡張子を入力

5 ファイルの種類をクリック

既定のアプリに設定するアプリをクリックします。

6 設定するアプリをクリック

7 既定値を設定するをクリック

指定した種類のファイルを開くときの既定のアプリが変更されます。

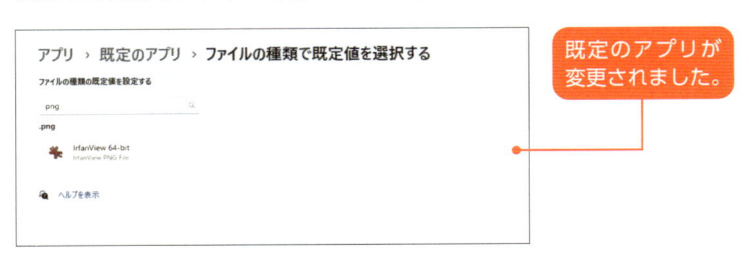

既定のアプリが変更されました。

38 OneDriveにファイルを保存する

OneDriveを設定すると、エクスプローラーに「OneDrive」フォルダーが表示され、同期がはじまります（22ページを参照）。このフォルダーに保存したファイルは、自動的にOneDriveにも保存されるようになります。ここでは、OneDriveと同期するパソコンのフォルダーを設定する方法を解説します。同期したフォルダーは、オンライン上とパソコンのOneDriveの両方に表示されます。

⠿ OneDriveにファイルを保存する

タスクバーで「◌」をクリックします。

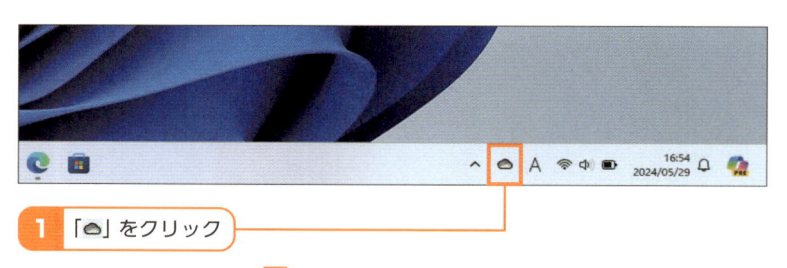

1 「◌」をクリック

▼

「⚙」をクリックし、設定をクリックします。

2 「⚙」をクリック

3 設定をクリック

OneDriveの設定画面が表示されます。**アカウント**をクリックします。

4 **アカウント**を
クリック

フォルダーの選択をクリックします。

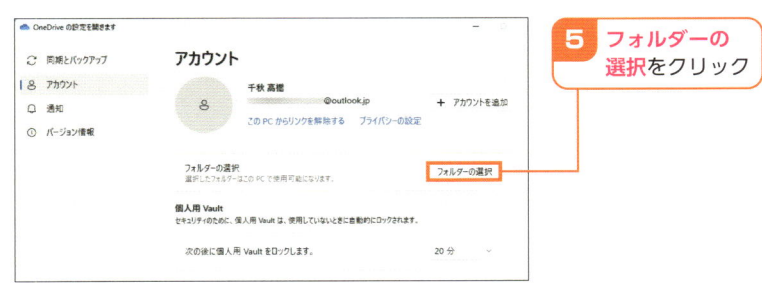

5 **フォルダーの
選択**をクリック

チェックが付いているフォルダーは、オンライン上とパソコンの
OneDriveの両方に表示され、同期されています。チェックが付いていな
いフォルダーは、オンライン上のOneDriveにのみ保存されています。同
期したいフォルダーをクリックして選択し、**OK**をクリックします。

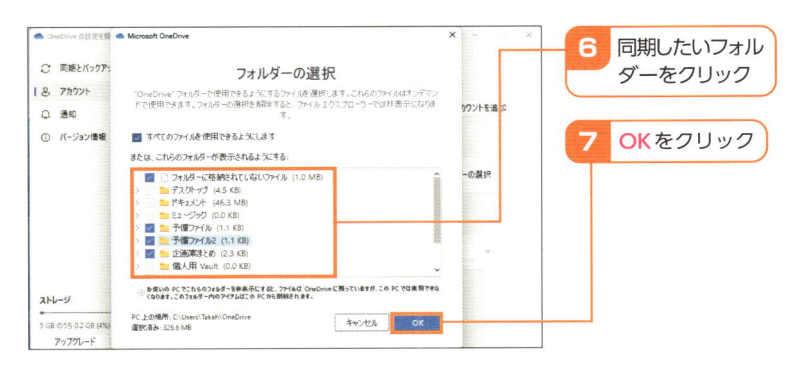

6 同期したいフォル
ダーをクリック

7 **OK**をクリック

3

ファイルとフォルダー

39 ごみ箱からデータを復元する

デスクトップ画面には、「ごみ箱」アプリが表示されています。削除した
ファイルやフォルダーなどのデータは、ごみ箱に移動し、30日以内であ
ればいつでも復元できます。

⠿ 削除したデータを復元する

デスクトップ画面で、**ごみ箱**をダブルクリックすると、エクスプローラー
が起動し、「ごみ箱」フォルダーが表示されます。復元したいデータをダ
ブルクリックし、**元に戻す**をクリックします。

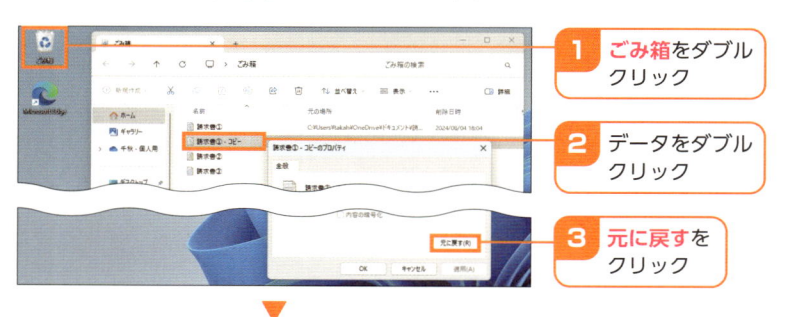

1 **ごみ箱**をダブル
クリック

2 データをダブル
クリック

3 **元に戻す**を
クリック

▼

OKをクリックすると、元の場所にデータが復元されます。

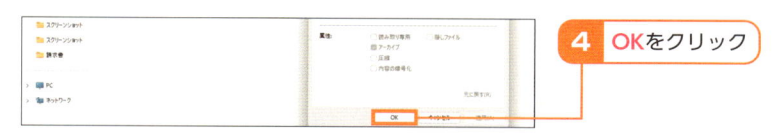

4 **OK**をクリック

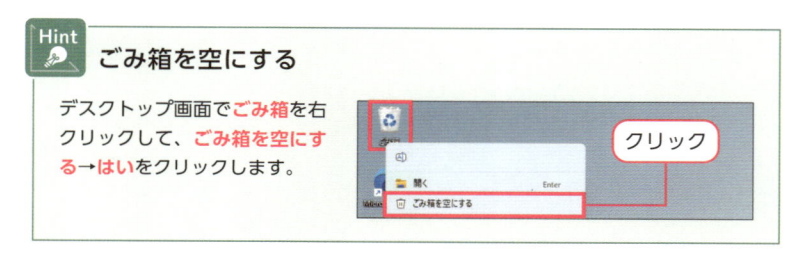

Hint ごみ箱を空にする

デスクトップ画面で**ごみ箱**を右
クリックして、**ごみ箱を空にす
る**→**はい**をクリックします。

クリック

第 4 章

インターネット

40

Webブラウザーを
起動/終了する

Webブラウザーを利用することで、Webページを閲覧したり、検索を行うことができます。Windows 11に搭載されているWebブラウザーは「Microsoft Edge」です。ここでは、Microsoft Edgeを起動/終了する方法と画面構成について解説します。

Webブラウザーを起動/終了する

タスクバーの「 ● 」をクリックします。

1 「 ● 」をクリック

Microsoft Edgeが起動します。
画面右上にある「×」をクリックすると、Microsoft Edgeが終了します。

Microsoft Edgeが
起動します。

2 「×」をクリック

::: Microsoft Edge の画面構成

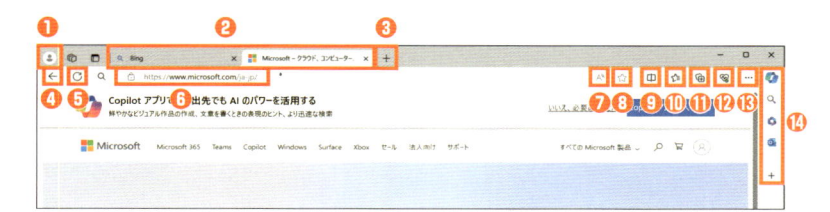

❶「プロファイル」です。使用者ごとにお気に入りや設定などを保存し、切り替えることができます。

❷「タブ」が表示されています。それぞれのタブをクリックすることで、開いているWebページを切り替えられます。

❸「新規タブ」です。新しいタブを開くことができます。

❹「戻る」です。1つ前のWebページに戻ります。

❺「更新」です。表示しているWebページを最新の状態に更新します。

❻「アドレスバー」です。表示しているWebページのURLが表示されます。URLやキーワードを入力して検索できます。

❼表示しているWebページを音声で読み上げる機能です。

❽「お気に入りに追加」です。表示しているWebページをお気に入りに追加できます。

❾画面を2分割できます。Webページを表示しながら、検索画面から新しい検索をしたり、別のWebページを表示したりできます。

❿「お気に入り」です。お気に入りの一覧を表示します。フォルダーの追加やお気に入りの編集などが行えます。

⓫「コレクション」です。Webページやページ内の文章・画像などを保存できます。

⓬「ブラウザーのエッセンシャル」です。メモリをどの程度節約したかや、セキュリティ確保のための動作を確認できます。

⓭「ツール」です。Webページの印刷や設定が行えます。

⓮「サイドバー」です。Copilotや検索、Microsoft 365など各種機能にすばやくアクセスできます。

URLでWebページを開く

Webブラウザーを起動したら、さっそくWebページを開いてみましょう。
アドレスバーにURLを入力することで、目的のWebページを開くことが
できます。Webページを閲覧するときは、スクロールの他、拡大/縮小や
Webページ間の移動なども可能です。

URLでWebページを開く

Microsoft Edge を起動し、アドレスバーをクリックします。

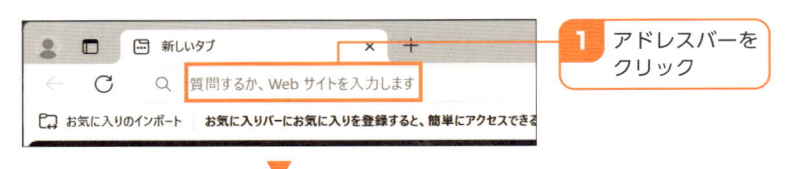

1 アドレスバーを
クリック

表示したいWebページのURLを入力し、Enter を押します。

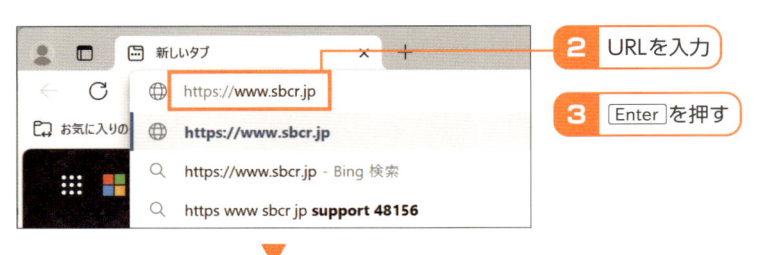

2 URLを入力

3 Enter を押す

入力したURLのWebページが開きます。

Webページが開きました。

::: Webページを閲覧する

Microsoft Edgeで、マウスのホイールを手前に回すと、Webページが下方向にスクロールします。

1 マウスのホイールを手前に回す

Webページが下方向にスクロールされます。

画面右上にある「…」をクリックし、「ズーム」の「+」をクリックすると、Webページが拡大し、「-」をクリックすると縮小します。ここでは拡大表示します。

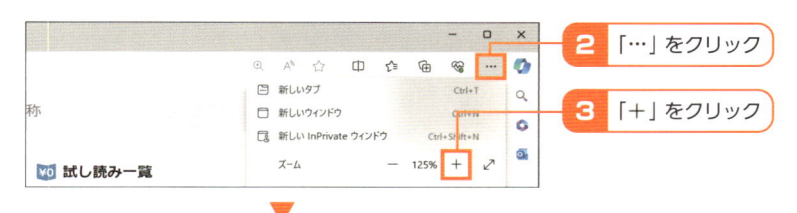

2 「…」をクリック

3 「+」をクリック

別のWebページに移動したいときは、Webページ内のリンクをクリックします。

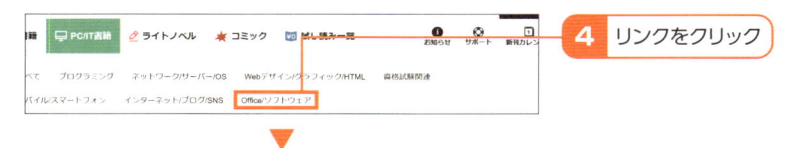

4 リンクをクリック

1つ前のWebページに戻りたいときは、「←」をクリックします。

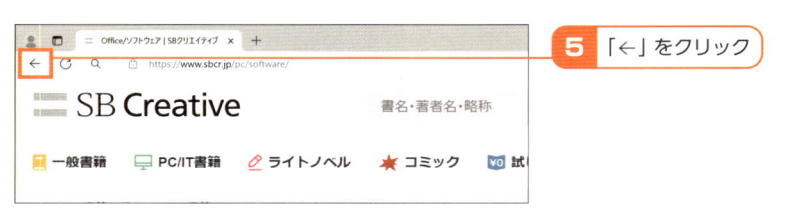

5 「←」をクリック

42 情報を検索する

Webブラウザーで情報を検索してみましょう。アドレスバーに、キーワードを入力して検索すると、キーワードに関連するWebページが候補として複数表示されます。

Webブラウザーで情報を検索する

Microsoft Edgeを起動し、アドレスバーをクリックします。

1 アドレスバーをクリック

検索したいキーワードを入力し、Enterを押します。なお、アドレスバーの下に表示される検索候補をクリックすることでも検索できます。

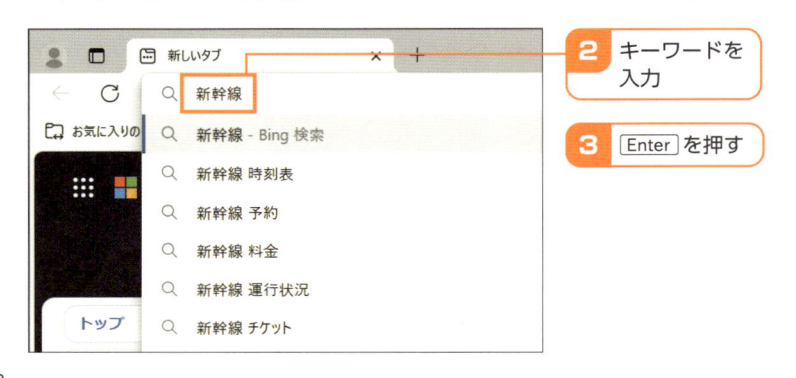

2 キーワードを入力

3 Enterを押す

検索したキーワードに関連するWebページが一覧表示されるので、閲覧したいWebページのリンクをクリックします。

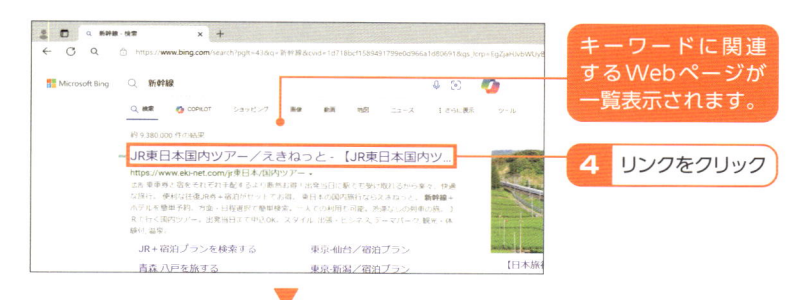

キーワードに関連するWebページが一覧表示されます。

4 リンクをクリック

クリックしたWebページが開きます。

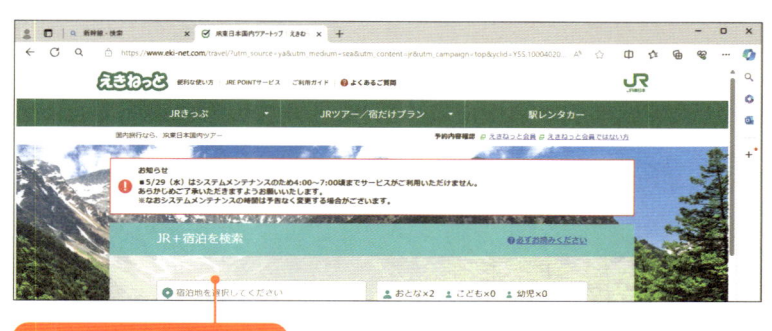

Webページが開きました。

Hint リンクを新しいタブで開く

現在のWebページを表示したまま、別のWebページを表示したいときは、リンクを右クリックして**リンクを新しいタブで開く**をクリックすると、リンク先のWebページが新しいタブとして追加されます。情報の検索結果から、複数のWebページを同時に閲覧したいときなどに便利です。

4

インターネット

43 お気に入りに登録する

よく閲覧するWebページは、「お気に入り」に登録しておくことで、すばやくアクセスできます。いちいちURLを入力したり、キーワードで検索する手間がなくなります。必要に応じてお気に入りに登録しておくと便利です。

⠿ Webページをお気に入りに登録する

Microsoft Edgeを起動し、お気に入りに登録したいWebページを開いて、画面右上にある「☆」をクリックします。

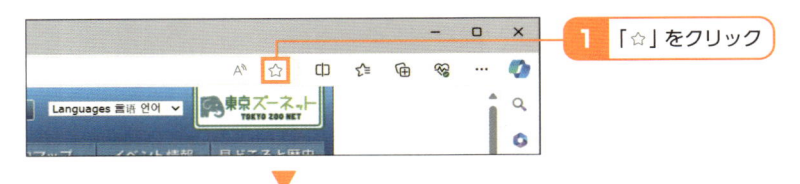

1 「☆」をクリック

名前を入力し、**完了**をクリックします。

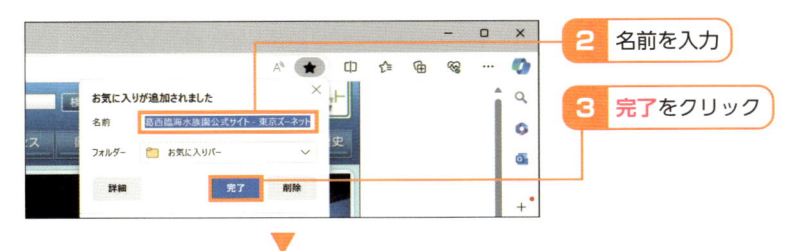

2 名前を入力

3 **完了**をクリック

「☆」が「★」に変わり、Webページがお気に入りに登録されます。

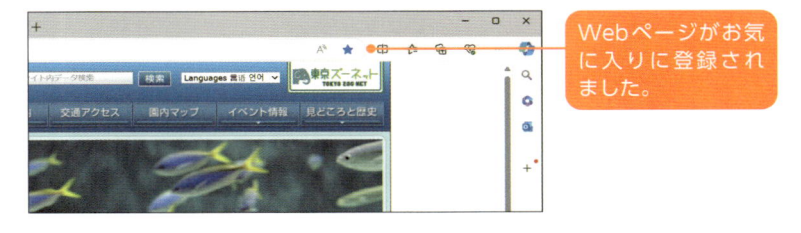

Webページがお気に入りに登録されました。

お気に入りからWebページを開く

Microsoft Edgeで、画面右上にある「⟨≡」から**お気に入りバー**をクリックします。

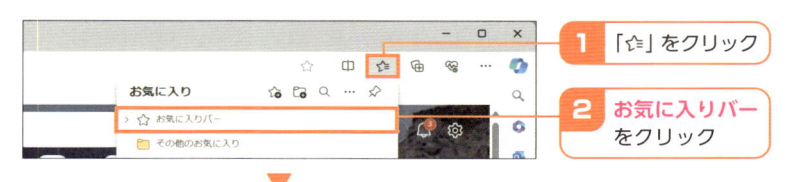

登録済みのお気に入りが表示されるので、開きたいWebページをクリックします。

お気に入りに登録したWebページが開きます。

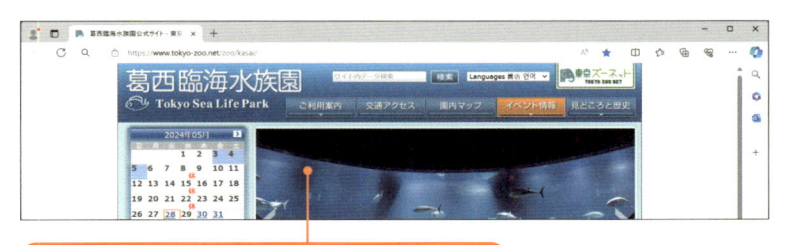

お気に入りに登録したWebページが開きました。

> **Hint**
>
> ### 保存先のフォルダーを作成する
>
> お気に入りは、「お気に入りバー」の他に、任意のフォルダーを作成して用途ごとに保存することもできます。お気に入り登録の画面で、**詳細**から**新しいフォルダー**をクリックします。フォルダーの名前を入力し、**保存**をクリックすると、作成したフォルダーにお気に入り登録されます。

Webからダウンロードする

Webページやwebページ内のデータを、自分のパソコン内にダウンロードし、保存することができます。ここでは、Microsoft Edgeで閲覧しているwebページや画像を保存する方法を解説します。

▦ Webページをダウンロードする

Microsoft Edgeを起動し、ダウンロードしたいWebページを開きます。画面右上にある「…」をクリックして、**その他のツール**から**名前を付けてページを保存**をクリックします。

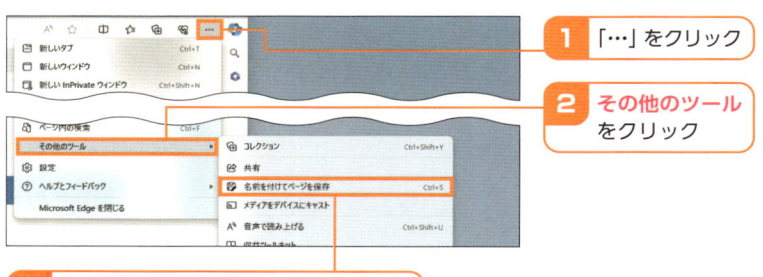

1 「…」をクリック

2 その他のツール
をクリック

3 名前を付けてページを保存をクリック

保存先を指定し、ファイル名を入力して**保存**をクリックすると、Webページが保存されます。

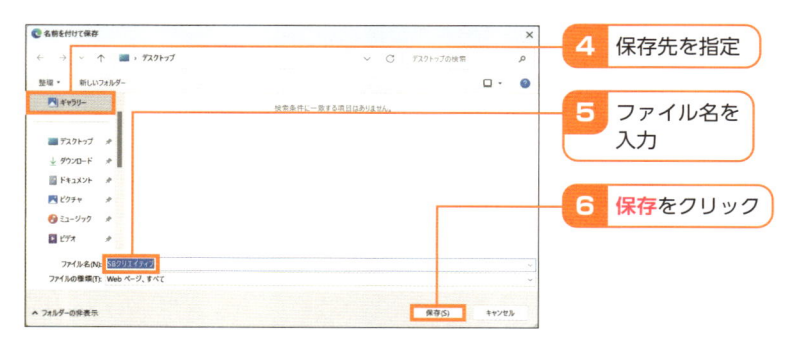

4 保存先を指定

5 ファイル名を
入力

6 保存をクリック

::: Webページの画像をダウンロードする

Microsoft Edge で、ダウンロードしたい画像がある Web ページを開きます。

1 Webページを
開く

画像の上で右クリックし、**名前を付けて画像を保存**をクリックします。

2 画像の上で
右クリック

3 名前を付けて
画像を保存
をクリック

保存先を指定し（ここでは「デスクトップ」を指定）、ファイル名を入力して**保存**をクリックします。

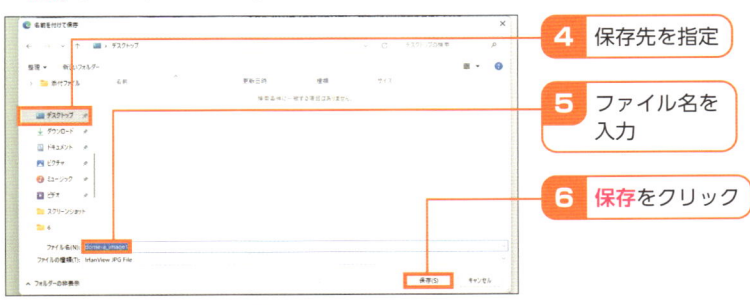

4 保存先を指定

5 ファイル名を
入力

6 保存をクリック

Web ページの画像が保存されます。

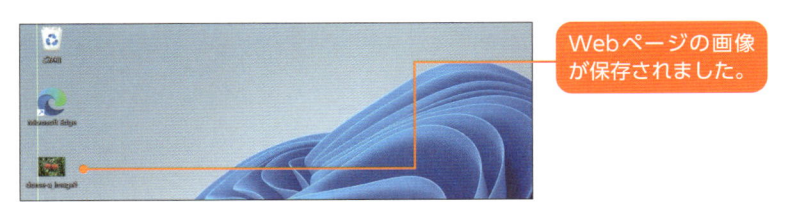

Webページの画像
が保存されました。

45 外国語を翻訳する

Webブラウザーには、異なる言語で記述されたWebページを開いたとき、自動的に翻訳してくれる機能があります。また、Webページを手動で翻訳することも可能です。ここでは、Microsoft Edgeで、Webページの外国語を翻訳する方法を解説します。

Webページを翻訳する

Microsoft Edgeを起動し、Webページを開きます。

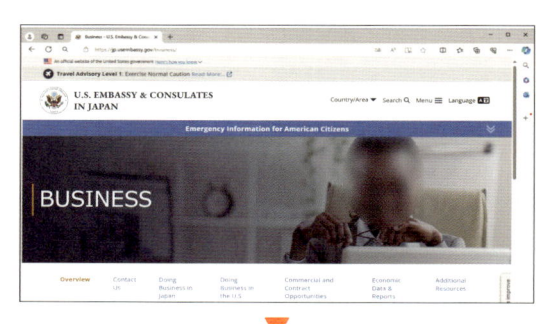

1 Webページを開く

Microsoft Edgeによって、ページの言語が自動で検出されます。ページを翻訳するか確認するメニューが表示されるので、「翻訳のターゲット言語」を確認し、**翻訳**をクリックします。今回は、英語のWebページを日本語に翻訳します。

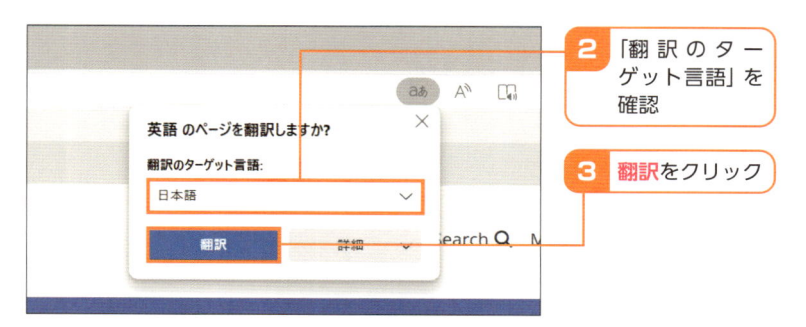

2 「翻訳のターゲット言語」を確認

3 翻訳をクリック

Webページが翻訳されます。

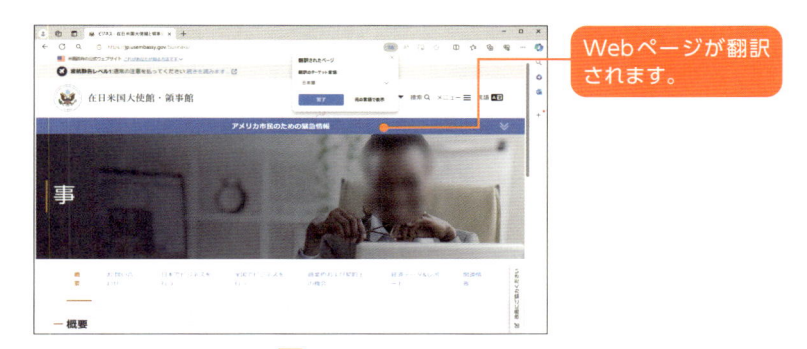

Webページが翻訳
されます。

アドレスバーの「aあ」をクリックすると、翻訳の状態が表示されます。元
の状態に戻すには、**元の言語で表示**をクリックします。

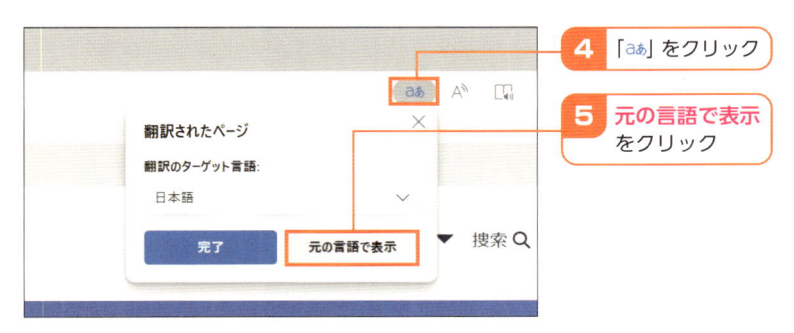

4 「aあ」をクリック

5 元の言語で表示
をクリック

Hint

手動で翻訳する

言語が自動検出されなかった場合
でも、いつでも手動で翻訳できま
す。アドレスバーの「aあ」をクリッ
クして、表示されたメニューにあ
る「翻訳のターゲット言語」のプル
ダウンメニューで翻訳する言語❶
を選択し、**翻訳**❷をクリックしま
す。

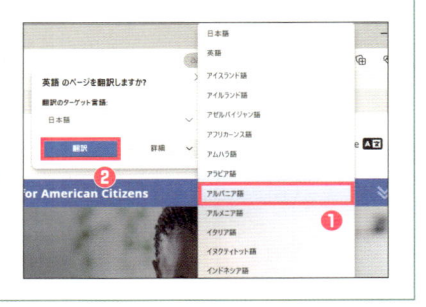

Webページを印刷する

Webブラウザーで表示したWebページは、好みの設定に変更して印刷できます。ここでは、Microsoft EdgeでWebページを印刷する方法を解説します。Webページ全体はもちろん、必要なページのみを印刷することも可能です。

▦ Webページを印刷する

Microsoft Edgeを起動し、印刷したいWebページを開いて、画面右上にある「…」をクリックします。

1 「…」をクリック

▼

印刷をクリックします。

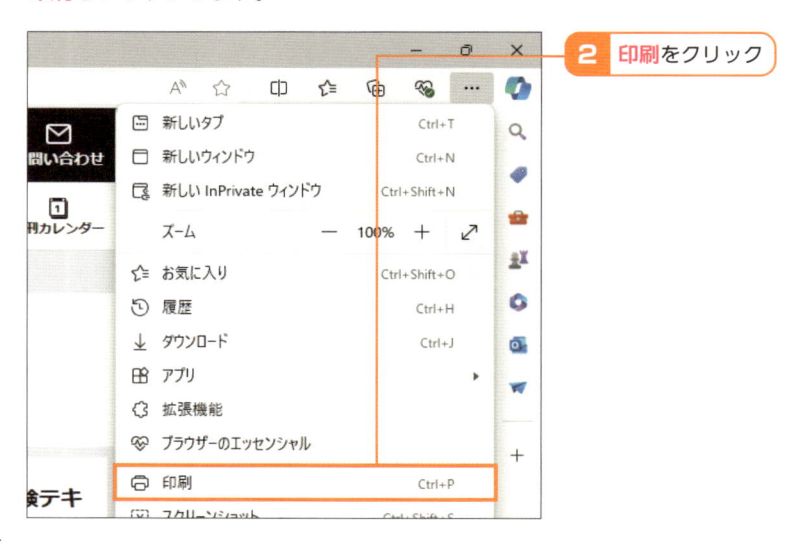

2 印刷をクリック

印刷画面が表示されます。

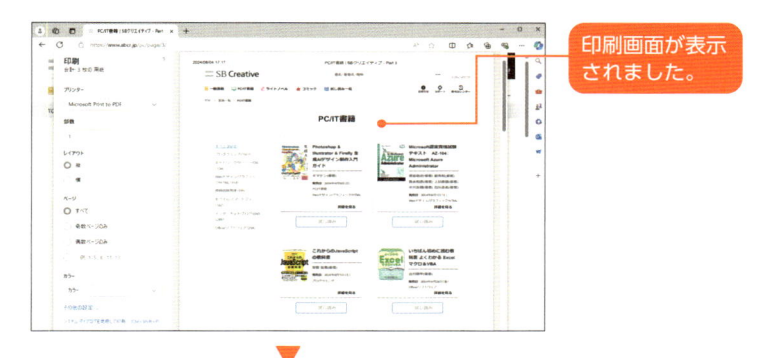

印刷画面が表示
されました。

「プリンター」「部数」「レイアウト」「ページ」「カラー」など、任意の印刷設定をし、**印刷**をクリックします。

3 印刷設定をする

4 **印刷**をクリック

47 セキュリティを設定する

Microsoft Edgeでは、Web上のセキュリティを強化する設定を行うことができ、パソコンを悪意のあるソフトウェアなどから保護するのに役立ちます。なお、セキュリティを強化するレベルは「バランス」「厳重」の2つのモードから選択でき、バランスモードの場合は頻繁にアクセスするWebページは追加のセキュリティが除外されます。厳重モードの場合、既定でアクセスできるすべてのWebページに追加のセキュリティが適用され、保護されます。厳重モードでは、Webページの一部が想定どおりに動作しない可能性もあるため、必要に応じて選択しましょう。

::: Microsoft Edgeを使用してセキュリティを強化する

Microsoft Edgeを起動し、画面右上にある「…」をクリックします。

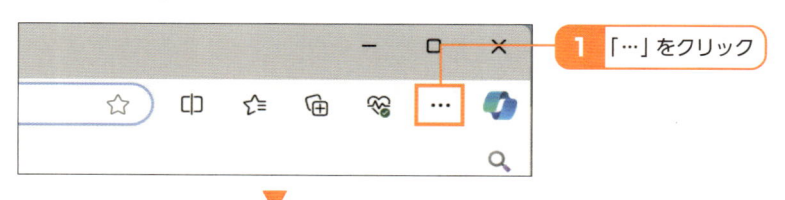

1 「…」をクリック

▼

設定をクリックします。

2 設定をクリック

設定画面が表示されたら、**プライバシー、検索、サービス**をクリックします。

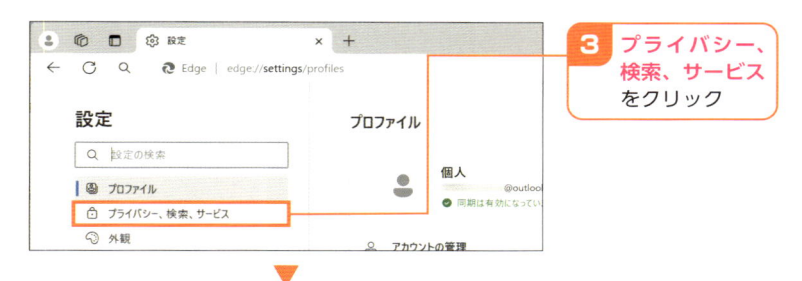

3 プライバシー、検索、サービスをクリック

「セキュリティ」にある「Web上のセキュリティを強化する」の「● 」をクリックします。

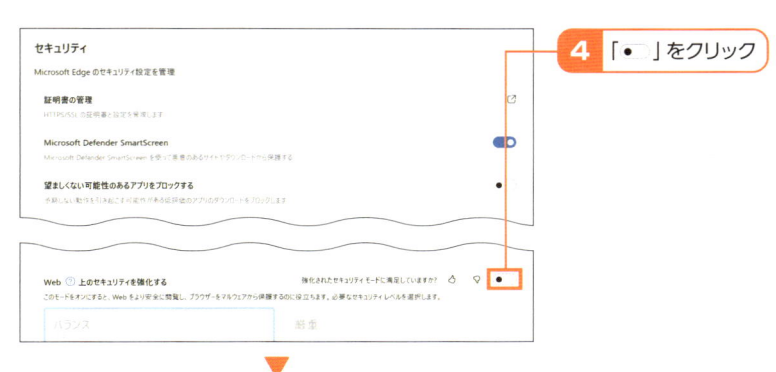

4 「● 」をクリック

「Web上のセキュリティを強化する」がオンになったら、強化するモードをクリックして選択します。

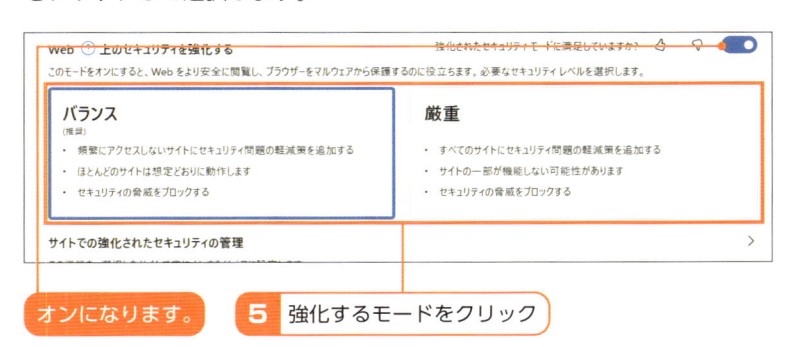

オンになります。 **5** 強化するモードをクリック

履歴を確認 / 整理する

Microsoft Edge では、Web ページの閲覧履歴を表示したり、履歴から一部の情報を削除して整理することができます。なお、Microsoft Edge が他のデバイスとも同期されている場合、同期中のすべてのデバイスで履歴データが整理されます。

⠿ 履歴を確認する

Microsoft Edge を起動し、画面右上にある「…」をクリックします。

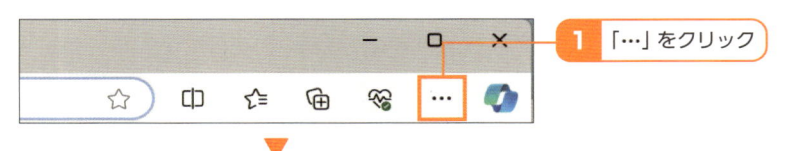

1 「…」をクリック

履歴をクリックします。

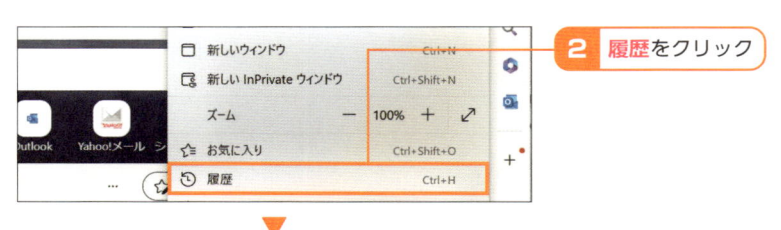

2 履歴をクリック

閲覧した Web ページの履歴の一覧が表示されます。

履歴の一覧が表示されました。

履歴を整理する

履歴の一覧を表示した状態で、削除したい履歴にマウスカーソルを合わせます。

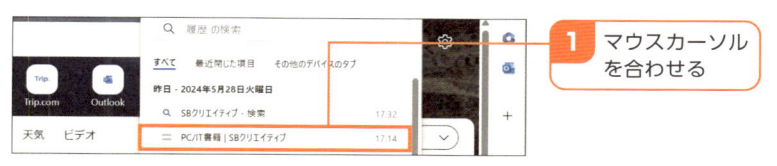

1 マウスカーソルを合わせる

表示される「×」をクリックします。

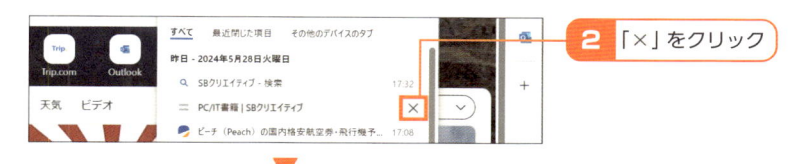

2 「×」をクリック

履歴が削除されます。

履歴が削除されました。

Hint　すべての履歴を削除する

画面右上の「…」から**設定**→**プライバシー、検索、サービス**をクリックします。「閲覧データを削除する」にある「今すぐ閲覧データをクリア」の**クリアするデータの選択**をクリックすると、「閲覧データを削除する」画面が表示されるので、「時間の範囲」を「すべての期間」に設定し、削除したい履歴データにチェックを付けて、**今すぐクリア**をクリックします。

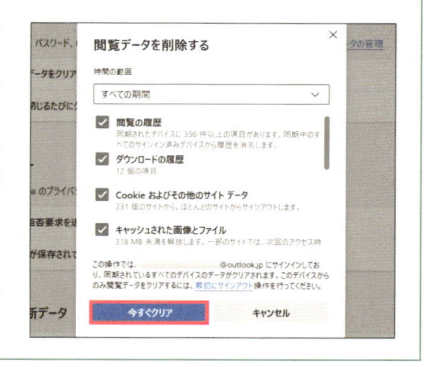

アプリの入手とインストール

Windows 11の場合は通常、アプリの入手は「Microsoft Store」から行います。Microsoft Storeには無料や有料のアプリ、ゲームや映画などが豊富に用意されています。必要に応じて、使用しているパソコンにアプリをインストールしてみましょう。なお、Microsoft Storeの利用は、Microsoftアカウントにサインインしている必要があります。

▦ Microsoft Store を起動する

タスクバーの「🛍」をクリックします。

1 「🛍」をクリック

Microsoft Store が起動します。

Microsoft Store が起動しました。

「&」からサインインをクリックして、Microsoftアカウントにサインインします。

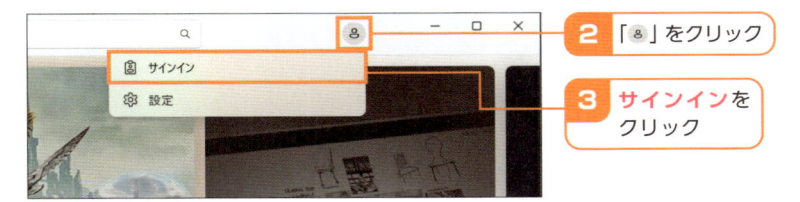

2 「&」をクリック

3 サインインをクリック

::: Microsoft Store からアプリをインストールする

Microsoft Storeで、画面上部の検索ボックスに「検索したいアプリ名」を
入力し、Enter を押します。

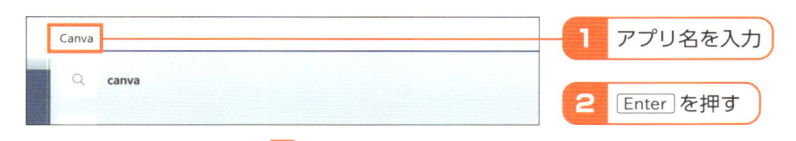

1 アプリ名を入力

2 Enter を押す

検索結果からインストールしたいアプリをクリックします。

3 アプリをクリック

アプリの説明や評価などが表示されるので内容を確認し、**インストール**を
クリックします。

4 **インストール**を
クリック

アプリがインストールされます。

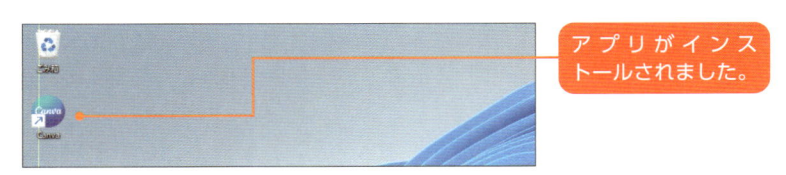

アプリがインス
トールされました。

50

Webページをアプリとして
インストールする

Microsoft Edgeでは、Webページをアプリとしてパソコンにインストールできます。Webページをアプリ化しておくと、Webブラウザーからではなく、独立した1つのウィンドウで表示できます。アプリとしてインストールしたWebページは、他のアプリと同様にアプリ一覧の画面から確認でき、タスクバーやスタートにピン留めして、すばやくアクセスすることも可能となります。

⠿ アプリとしてインストールする

Microsoft Edgeを起動し、アプリとしてインストールしたいWebページを開いて、画面右上にある「…」をクリックします。**アプリ**から**このサイトをアプリとしてインストール**をクリックします。

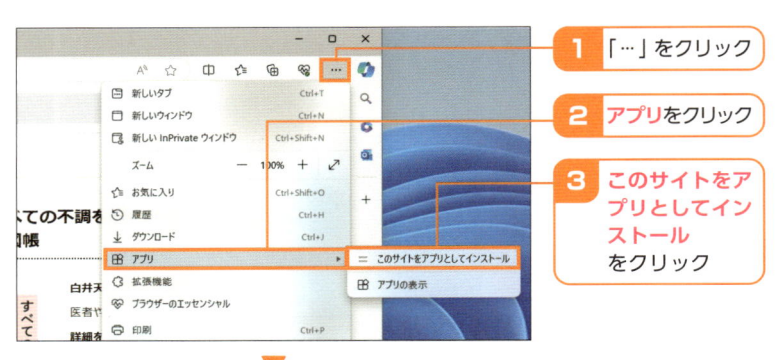

1 「…」をクリック

2 **アプリ**をクリック

3 **このサイトをアプリとしてインストール**をクリック

▼

名前を入力して**インストール**をクリックすると、Webページがアプリとしてインストールされます。

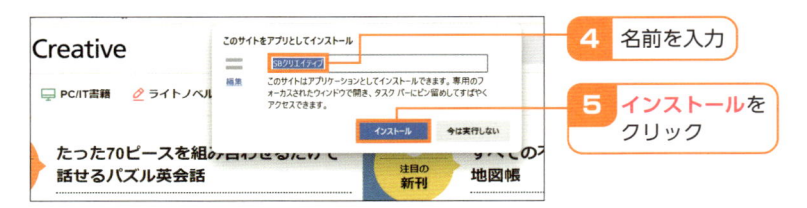

4 名前を入力

5 **インストール**をクリック

第 5 章

デバイス

画面の解像度を設定する

Windowsでは「設定」アプリから画面の解像度を変更できます。変更した直後はしばらくの間、画面に「ディスプレイの設定を維持しますか？」と表示されるため、**元に戻す**をクリックすることで瞬時に元の解像度に戻すこともできます。

⠿ 画面の解像度を設定する

タスクバーの「⊞」をクリックします。

1 「⊞」をクリック

アプリの一覧から**設定**をクリックします。

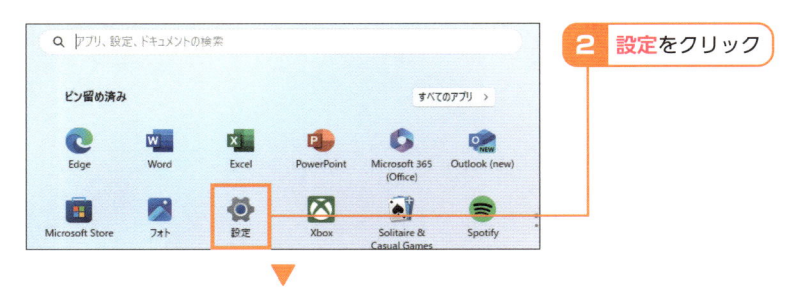

2 **設定**をクリック

「設定」アプリが起動したら、**システム**をクリックします。

3 **システム**を
クリック

ディスプレイをクリックします。

4 **ディスプレイ**を
クリック

▼

「ディスプレイの解像度」の現在の解像度をクリックします。

5 現在の解像度をクリック

▼

解像度の一覧が表示されるので、設定したい解像度をクリックします。
「ディスプレイの設定を維持しますか？」で**変更の維持**をクリックすると、
解像度が変更されます。

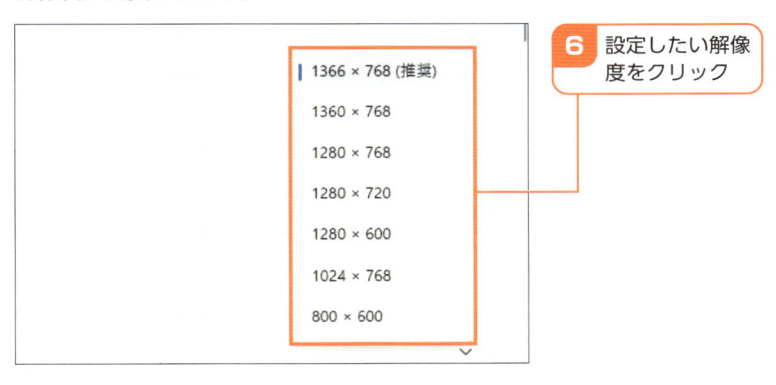

6 設定したい解像
度をクリック

52 マルチディスプレイを
設定する

マルチディスプレイとは、2つ以上のディスプレイを使ってパソコンを操作することです。他のディスプレイとパソコンを接続したら、「設定」アプリからマルチディスプレイの設定を変更しましょう。

::: マルチディスプレイを設定する

ディスプレイを接続した状態で、「設定」アプリを起動して（116ページを参照）、**システム**をクリックします。

1 **システム**を
クリック

ディスプレイをクリックします。

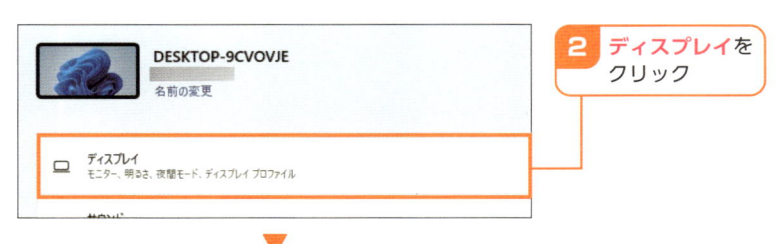

2 **ディスプレイ**を
クリック

ディスプレイとパソコンの接続が正常な場合、「ディスプレイを選択して設定を変更します。」が表示されます。

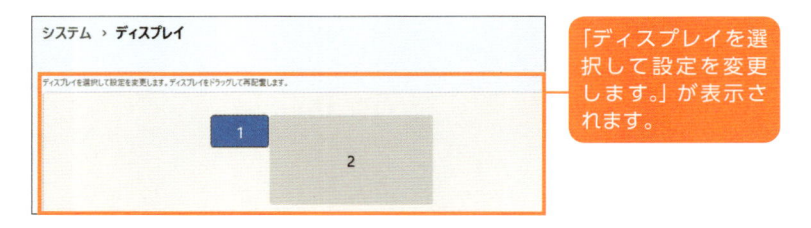

「ディスプレイを選択して設定を変更します。」が表示されます。

設定を変更したいディスプレイ（ここでは**1**）をクリックします。

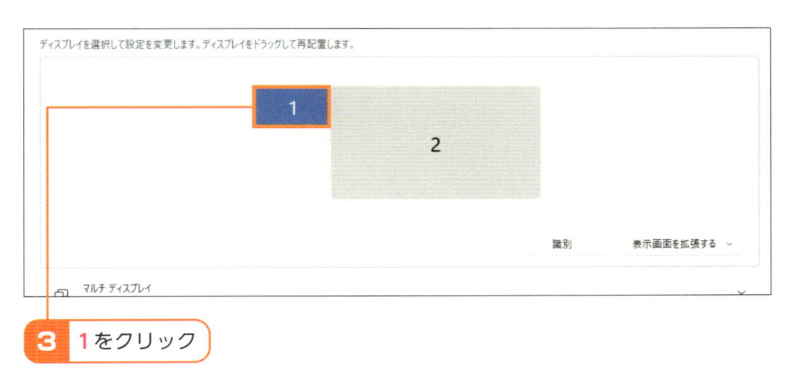

3 1をクリック

▼

選択したディスプレイの設定が変更できるようになります。項目をクリックすると設定のオン/オフが変更されます。

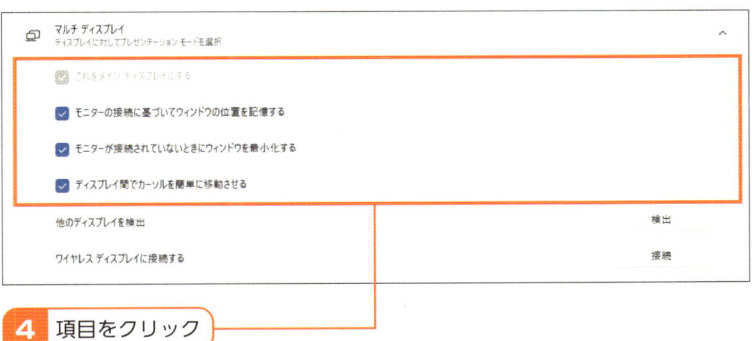

4 項目をクリック

Hint **「ディスプレイを選択して設定を変更します。」が表示されない**

ディスプレイとパソコンの接続が正常でないときは、「ディスプレイを選択して設定を変更します。」が表示されず、右画面のようになります。ケーブルを再接続するなどしてください。

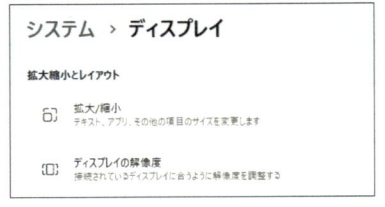

53 背景画像を設定する

Windowsのデスクトップの背景画像を変更しましょう。Windowsにはあらかじめ数種類の背景画像が用意されていますが、ここでは、自分で用意した画像を背景に設定する方法を解説します。

背景画像を設定する

背景に設定したい画像を準備した状態で、「設定」アプリを起動して（116ページを参照）、**個人用設定**をクリックします。

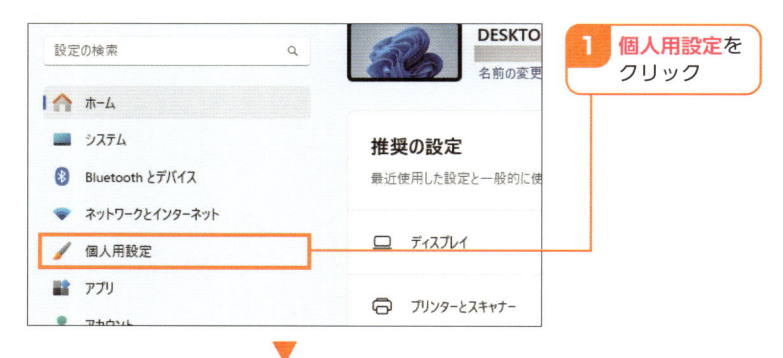

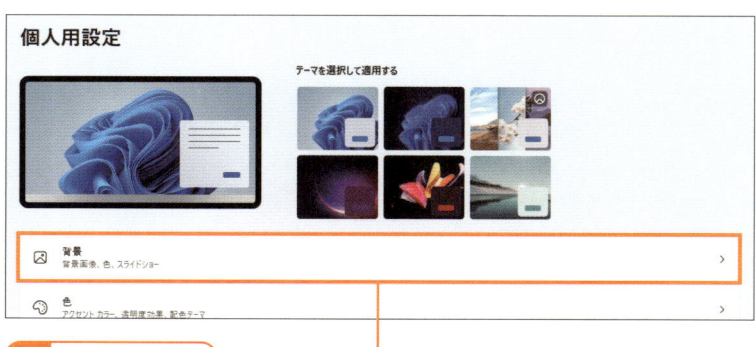

背景をクリックします。

「写真の選択」の**写真を参照**をクリックします。

3 写真を参照をクリック

用意した画像を選択して、**画像を選ぶ**をクリックします。

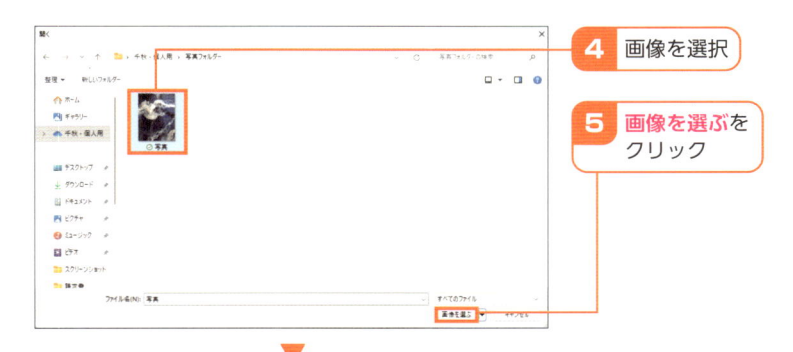

4 画像を選択

5 画像を選ぶを
クリック

背景画像が変更されます。

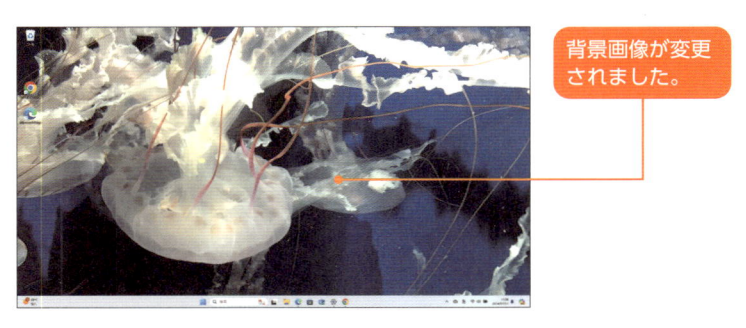

背景画像が変更
されました。

5
デバイス

54 スクリーンセーバーを
設定する

スクリーンセーバーとは、パソコンを一定時間使っていないときに表示される映像のことです。離席時ののぞき見を防止するといった役割もあります。スクリーンセーバーが表示されるまでの時間も設定できます。

⠿ スクリーンセーバーを設定する

「設定」アプリを起動して（116ページを参照）、**個人用設定**をクリックします。

1 個人用設定を
クリック

▼

ロック画面をクリックします。

2 ロック画面をクリック

スクリーンセーバーをクリックします。

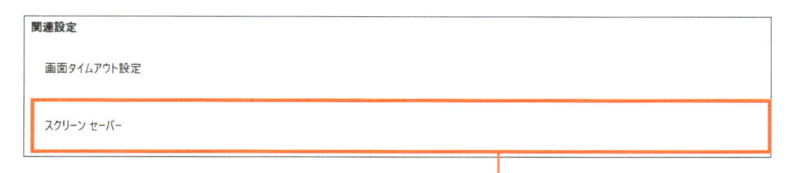

3 スクリーンセーバーをクリック

スクリーンセーバーの設定メニューが表示されます。**(なし)** をクリックして、スクリーンセーバーのデザインを選択します。

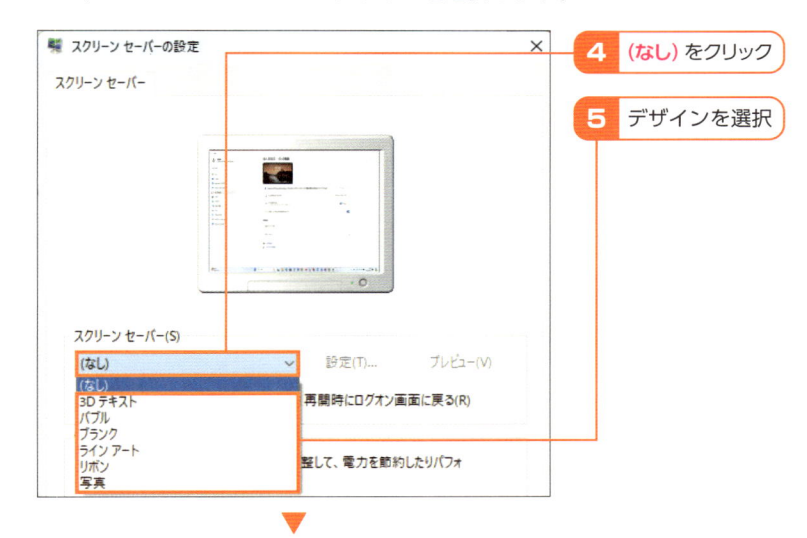

4 (なし) をクリック

5 デザインを選択

待ち時間を設定して、**OK** をクリックすると、スクリーンセーバーの設定が完了します。

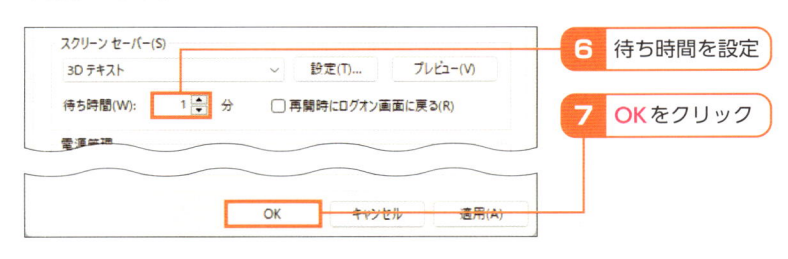

6 待ち時間を設定

7 OK をクリック

55

電源を設定する

パソコンの電源設定を選択できます。ノートパソコンの場合は、電源ボタンを押したとき、カバーを閉じたときの動作の設定を、デスクトップパソコンの場合は、電源ボタンとスリープボタンを押したときの設定を変更できます。ここでは、ノートパソコンの設定を変更します。

電源ボタンの動作を設定する

タスクバーの検索ボックスをクリックして「**コントロールパネル**」と入力し、検索結果から**コントロールパネル**をクリックします。

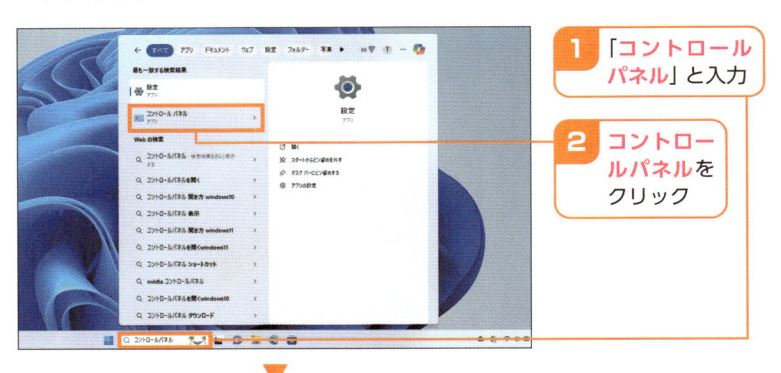

1 「コントロールパネル」と入力

2 コントロールパネルをクリック

コントロールパネルが表示されたら、**システムとセキュリティ**をクリックします。

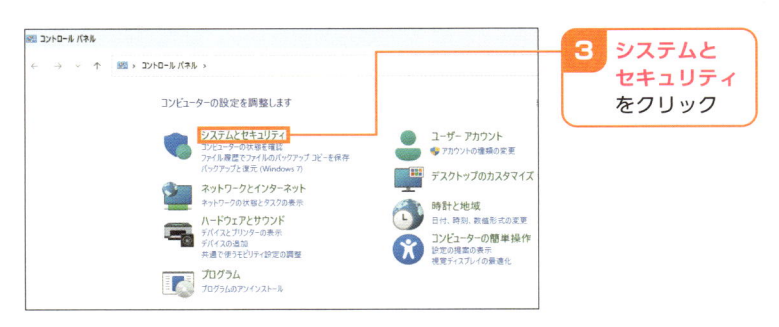

3 システムとセキュリティをクリック

電源オプションをクリックします。

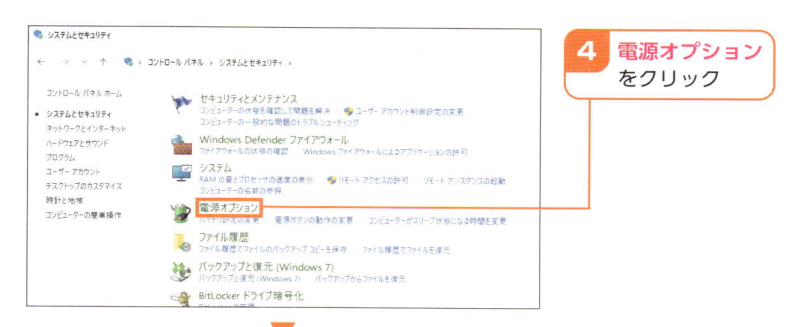

4 電源オプション
をクリック

電源ボタンの動作の選択をクリックします。

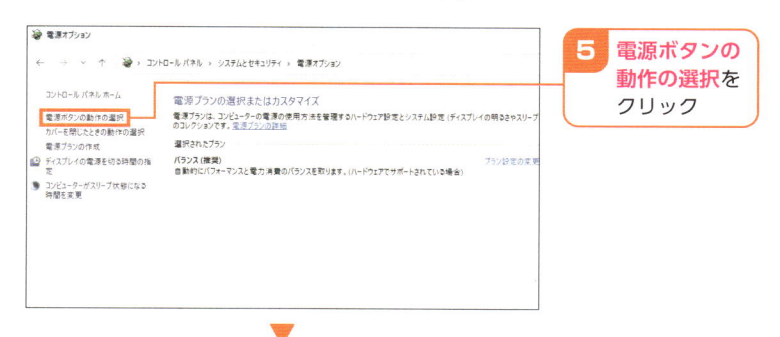

5 電源ボタンの
動作の選択を
クリック

動作を選択します。**変更の保存**をクリックすると、設定が変更されます。

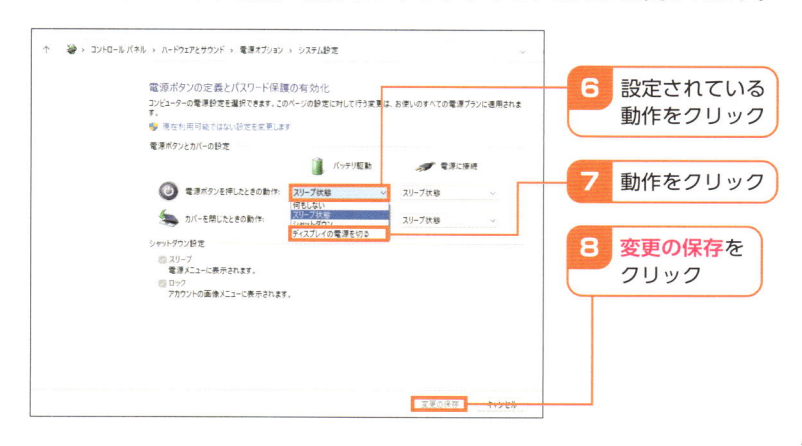

6 設定されている
動作をクリック

7 動作をクリック

8 変更の保存を
クリック

スピーカーの音量を設定する

スピーカーやイヤホンの音量を変更したい場合は、「サウンド」から設定しましょう。つまみを左右にドラッグするだけなので、感覚的に調整できます。機器との接続方法は、130〜132ページを参照してください。

▦ スピーカーを設定する

「設定」アプリを起動して（116ページを参照）、**システム**をクリックします。

1 システムをクリック

▼

サウンドをクリックします。

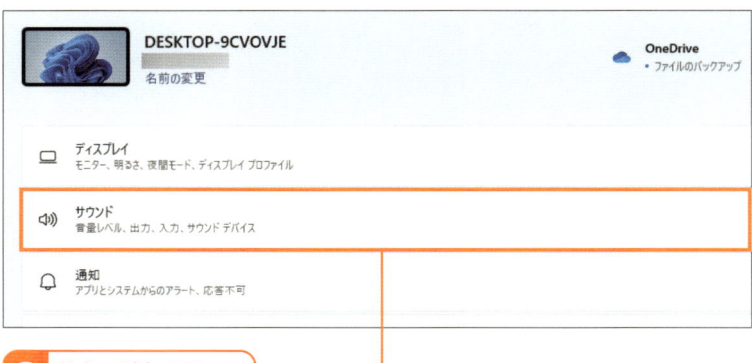

2 サウンドをクリック

「ボリューム」の「・●・」を左右にドラッグします。

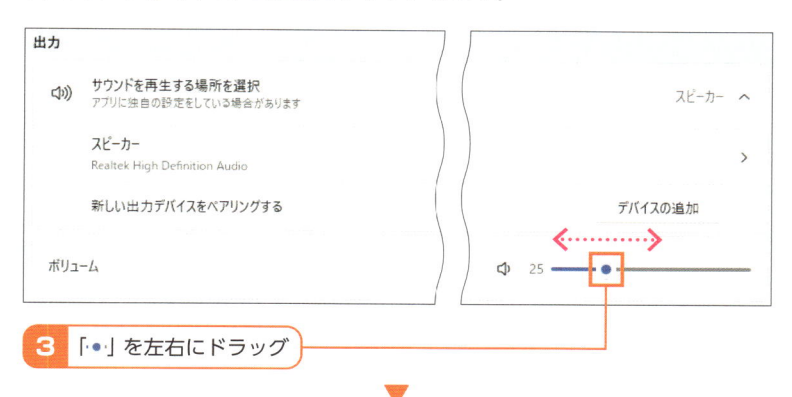

3 「・●・」を左右にドラッグ

▼

パソコンの音量が変更されます。

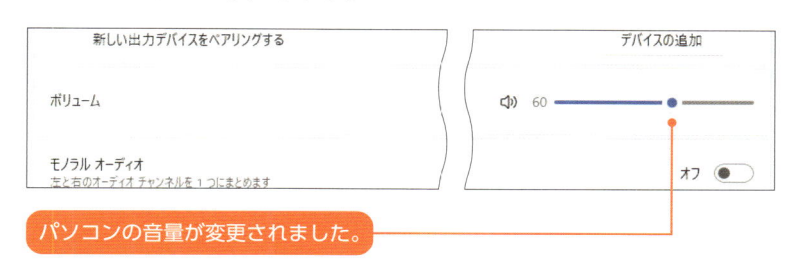

パソコンの音量が変更されました。

▼

スピーカーをクリックすると、より詳細な設定を行えます。

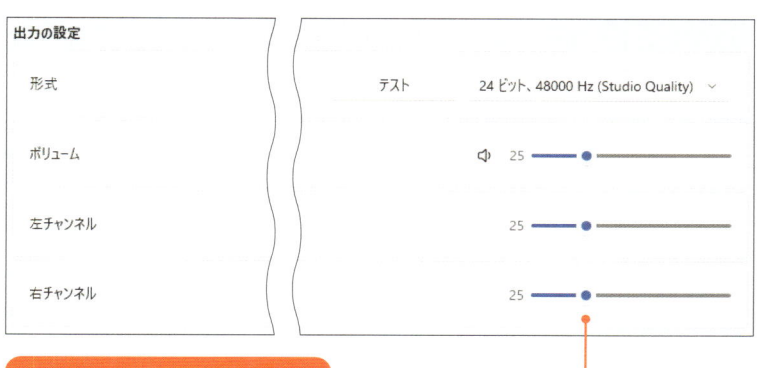

より詳細な設定変更ができます。

カメラを設定する

ビデオミーティングを活用すると、遠方にいる人とも顔を合わせながら会話することができます。ビデオミーティングに必須の、カメラの設定について解説します。機器との接続方法は、130～132ページを参照してください。

⊞ カメラを設定する

「設定」アプリを起動して（116ページを参照）、**Bluetoothとデバイス**をクリックします。

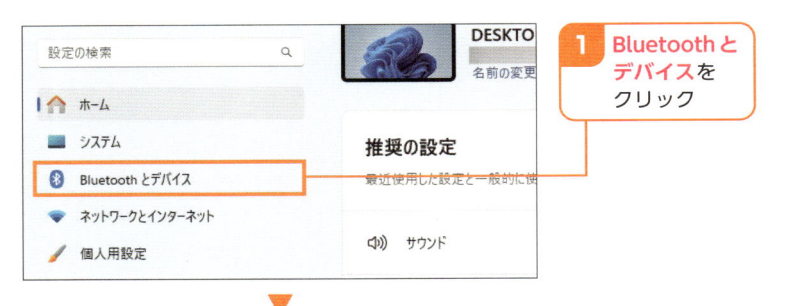

1 Bluetoothとデバイスをクリック

▼

カメラをクリックします。

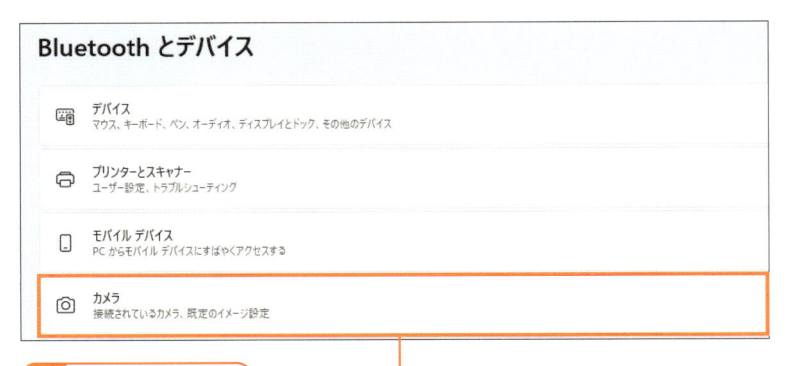

2 カメラをクリック

利用可能なカメラが、「接続済みカメラ」の一覧に表示されます。

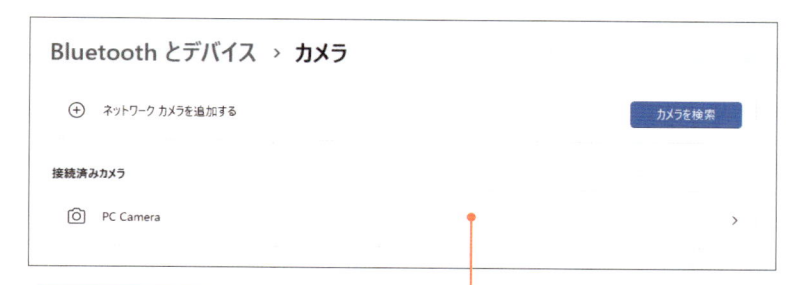

利用可能なカメラが一覧表示されます。

カメラを接続すると、「接続済みカメラ」に追加されます。使用するカメラ（ここでは**USB Video Device**）をクリックします。

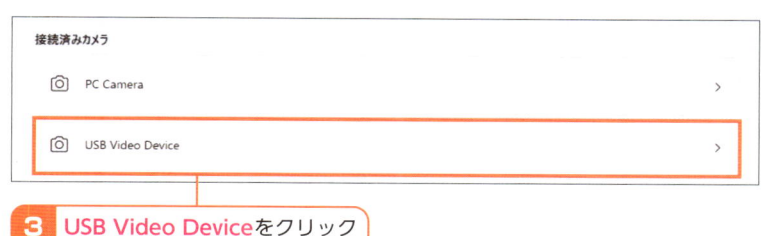

3 USB Video Deviceをクリック

明るさやコントラストなど、カメラについての詳細な設定を行えます。

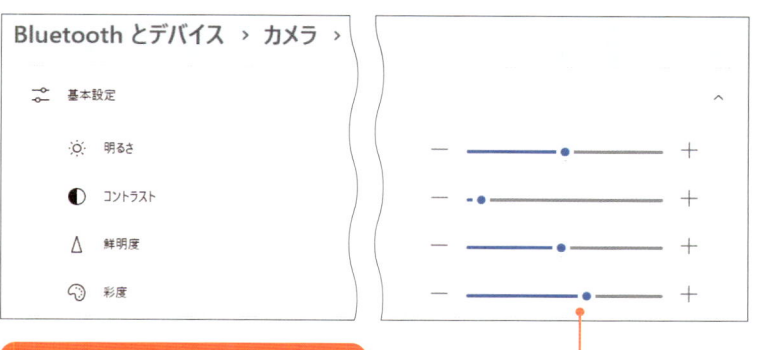

カメラの詳細な設定変更ができます。

Bluetooth機器と接続する

Bluetoothを活用すると、機器とパソコンを無線で接続することができます。Bluetoothに対応したヘッドホンやイヤホン、スピーカーなどを用意したら、このセクションで接続方法を確認してください。

⠿ Bluetoothをオンにする

「設定」アプリを起動して（116ページを参照）、**Bluetoothとデバイス**をクリックします。

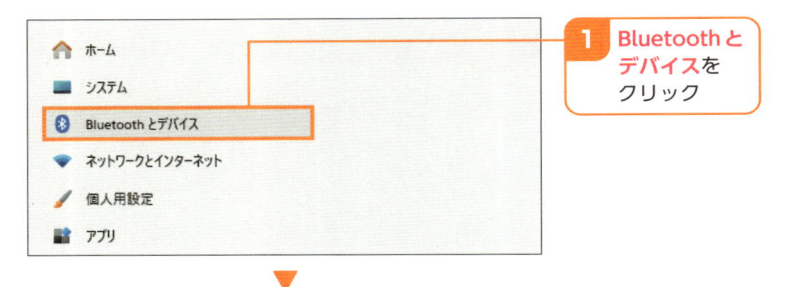

1 Bluetoothと
デバイスを
クリック

「Bluetooth」の「⚪」をクリックします。

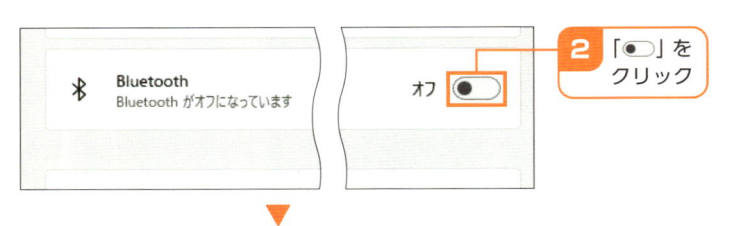

2 「⚪」を
クリック

Bluetoothがオンになります。

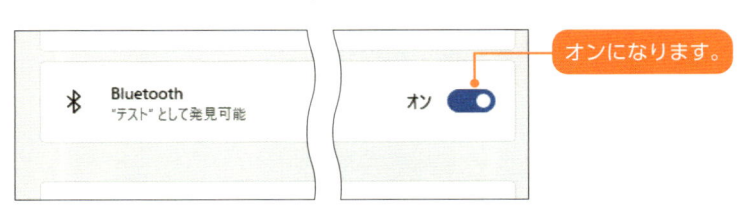

オンになります。

▦ Bluetoothと接続する

「設定」アプリを起動して（116ページを参照）、**Bluetoothとデバイス**から**デバイスの追加**をクリックします。

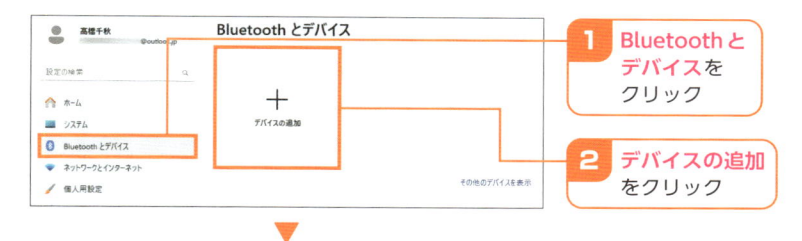

1 **Bluetoothとデバイス**をクリック

2 **デバイスの追加**をクリック

機器をBluetoothに接続できる状態にし、**Bluetooth**をクリックします。

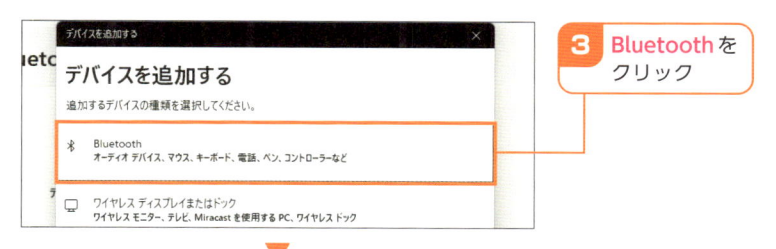

3 **Bluetooth**をクリック

接続可能な機器が一覧表示されます。接続したい機器（ここでは**ヘッドホン**）をクリックすると、パソコンと機器が接続されます。

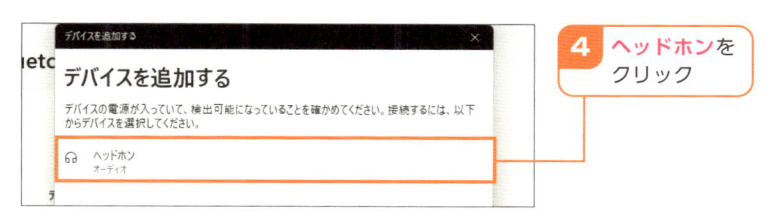

4 **ヘッドホン**をクリック

Hint 🖱 **接続されている機器を削除する**

接続されている機器の「…」をクリックして、**デバイスの削除**をクリックすると、パソコンから機器を削除できます。削除された機器は接続が切れた状態になり、操作できません。

Section

59 USB機器と接続する

USB機器とは、パソコンに有線で接続できるデバイスです。Bluetooth
（130〜131ページを参照）のような設定は必要なく、通常はケーブルを
パソコンに差し込むだけで使用できるようになります。

⠿ USB機器と接続する

「設定」アプリを起動して（116ページを参照）、**Bluetoothとデバイス**か
ら**デバイス**をクリックします。

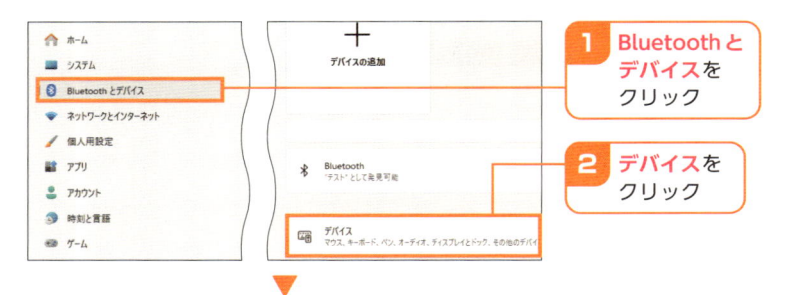

1 Bluetoothと
デバイスを
クリック

2 デバイスを
クリック

接続されているUSB機器が一覧表示されます。

新しく接続したい機器のケーブルをパソコンに差し込むと、機器名が一覧
に追加されます。一覧に追加されれば機器が使用可能です。

接続された機器名が表示されました。

第 6 章

Microsoft Copilot

Copilotとは

Copilot（コパイロット）とは、Microsoft社によって開発された、自然言語処理モデルを搭載しているチャット型生成AIです。質疑応答の他、文章、プログラミングコード、画像の生成などを行えます。本書では、無料版を使用して解説します。

Copilotでできること

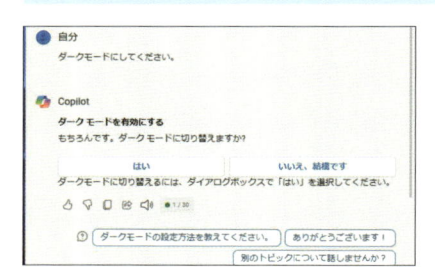

一部のアプリや機能のみですが、パソコンの操作が行えます。アプリの起動、スクリーンショット、音量の上げ下げ、スナップレイアウト機能の表示、ダークモードへの切り替えなど、さまざまです。

一度に4枚の画像を生成できます。絵のタッチや雰囲気、描いてほしいものなどを指定していけば、イメージに合う画像を作れます。

文章を生成できます。レポート、エッセイ、小説、歌詞、短歌など、書いてもらいたいものやイメージなどを指定することで、文章が出力されます。文字数や文体などといった細かな部分も指定できます。

▓ Copilotの画面構成

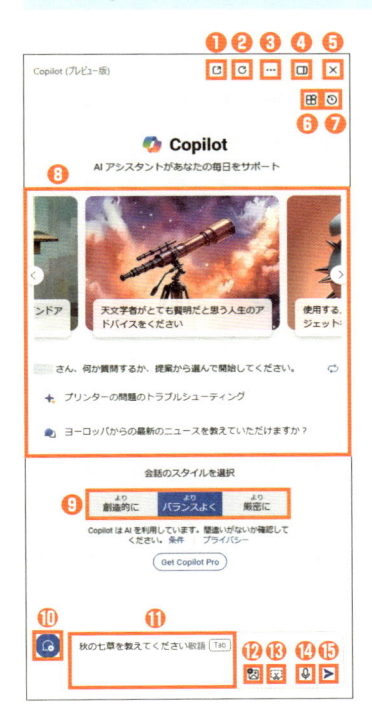

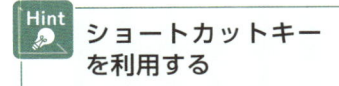

6

Microsoft Copilot

❶ Microsoft EdgeでWebブラウザー版 Copilotを開きます。

❷ 最新の状態に更新します。

❸ 「その他のオプション」メニューを表示します。

❹ 他のウィンドウと並べて表示するか、重ねて表示するかを切り替えられます。

❺ Copilotが閉じます。

❻ 外部アプリへのアクセスのオン/オフを切り替えられます。

❼ 履歴を表示します。

❽ プロンプト (質問) の例です。

❾ 会話のスタイルを切り替えられます。

❿ 新しいトピックです。

⓫ プロンプトの入力欄です。

⓬ 画像を追加できます。

⓭ スクリーンショットできます。

⓮ マイクを使用できます。

⓯ プロンプトが送信されます。[Enter] を押すことでも送信できます。

Hint
ショートカットキーを利用する

Copilotの起動は、ショートカットキーで行うことも可能です。キーボードの ⊞ + C を押します。

61 Copilotを使用する

WindowsのCopilotは、最新バージョンのWindows 11であれば標準搭載されているため、誰でも無料で利用できます。一部のデバイスでは環境が整っていても利用できない場合がありますが、そのようなときはMicrosoft Edge Copilot（148ページを参照）を使いましょう。また、本書の執筆時点（2024年8月）では、プレビュー版のみの提供となっています。

▦ Windows 11をアップデートする

Windows 11が最新の状態でないと、Copilotを利用できません。バージョンの確認と、アップデートの方法は、50ページを参照してください。なお、Windows 10では（環境が整っていれば）、一部の機能に制限がありますが、同様に利用できます。

関連リンク	ドメインまたはワークグループ	システムの保護	システムの詳細設定	

■ Windows の仕様

エディション	Windows 11 Home
バージョン	23H2
インストール日	2023/09/22
OS ビルド	22631.4112
エクスペリエンス	Windows Feature Experience Pack 1000.22700.1034.0

> バージョンを確認しましょう。

Windows Update

再起動が必要です（推定: 5 分）
お使いのデバイスは、アクティブ時間外に再起動されます。 　今すぐ再起動する

2024-05 x64 ベース システム用　　　　　　の累積更新プログラム (KB5037771)　　再起動の保留中

2024-05 .NET Framework 3.5 および 4.8.1 の累積的な更新プログラム　　　　　　　再起動の保留中

その他のオプション

利用可能になったらすぐに最新の更新プログラムを入手する

> 最新版にアップデートしましょう。

Microsoft アカウントでサインインする

Copilotを制限なく利用するには、ローカルアカウントではなく Microsoftアカウントにサインインしましょう。Microsoftアカウントを作成するには、16ページを、サインインするには28ページを参照してください。

タスクバーの表示をオンにする

Copilotのアイコン（「💮」）がタスクバーに表示されていない場合は、41ページのヒントを参照して、「設定」アプリからタスクバーへの表示がオフになっていないか確認しましょう。なお、アイコンが表示されていない場合でも、環境が整っていればキーボードで🪟 + Ｃを押すことでCopilotが起動します。

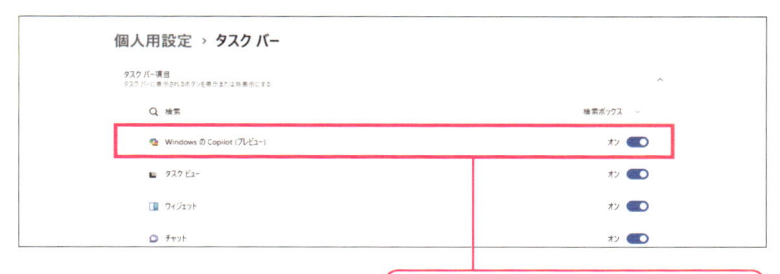

Copilotのアイコンを表示しましょう。

Copilotに質問する

Copilotは基本的に、こちら側から入力されたプロンプトに対して回答が出力される、という流れで利用します。得られた回答をもとに、何度も続けてやり取りができます。新しい質問をはじめる場合には、「新しいトピック」をクリックします。

⠿ Copilot に質問する

タスクバーで、「🌸」をクリックします。

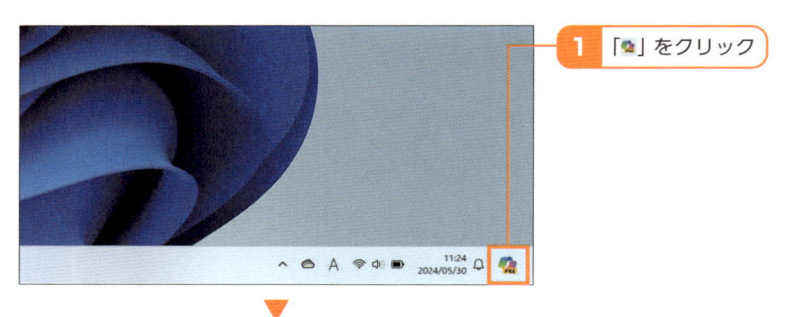

1 「🌸」をクリック

Copilotが起動します。入力欄をクリックし、質問したい内容（プロンプト）を入力して Enter を押します。

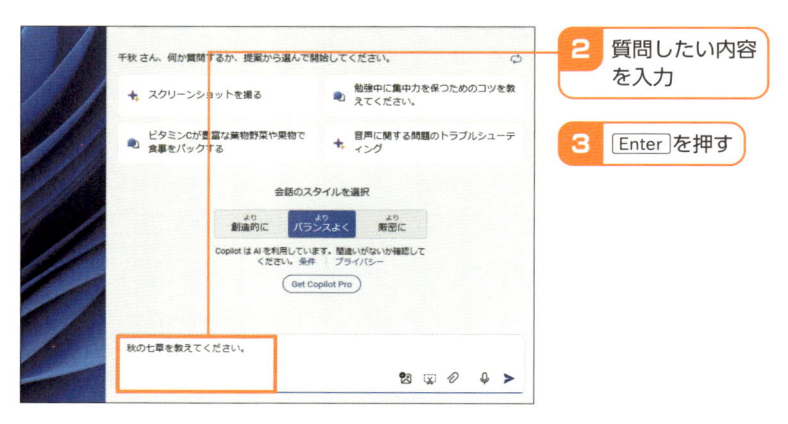

2 質問したい内容を入力

3 Enter を押す

内容が送信されます。**応答を停止して**をクリックすると、Copilotからの応答が停止します。

内容が送信されました。

しばらくすると、Copilotからの回答が出力されます。続けて質問したい場合は、再度内容を送信、または表示された質問の候補をクリックします。ここでは、質問の候補をクリックします。

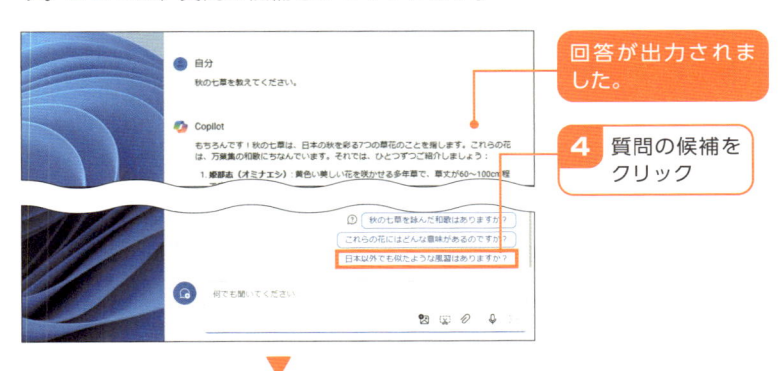

回答が出力されました。

4 質問の候補をクリック

回答の下に続けて質問が送信され、Copilotからの回答が出力されます。

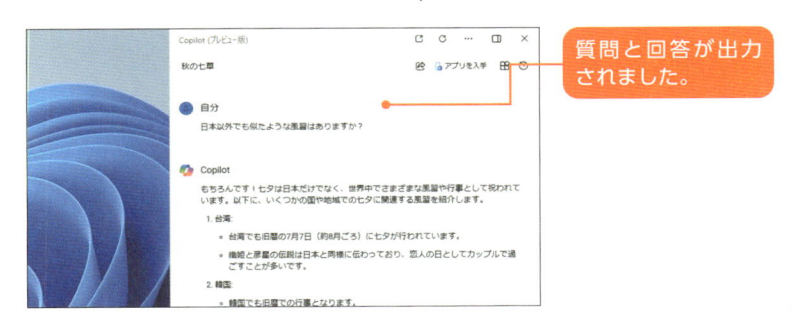

質問と回答が出力されました。

文章を要約する

長文の内容を簡単に理解したい場合は、Copilotに文章をまとめてもらいましょう。一度に長文を入力すると、Copilotが文章を正確に認識しづらくなる場合がありますので、いくつかに分けて質問したほうが、満足のいく回答を得られやすいでしょう。

文章を要約する

Copilotを起動し、入力欄に「要約の指示」と「要約してほしい文章」を入力して、Enterを押します。

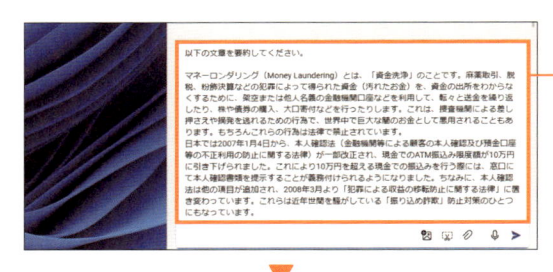

1 要約の指示と要約してほしい文章を入力

2 Enterを押す

要約された文章が出力されます。

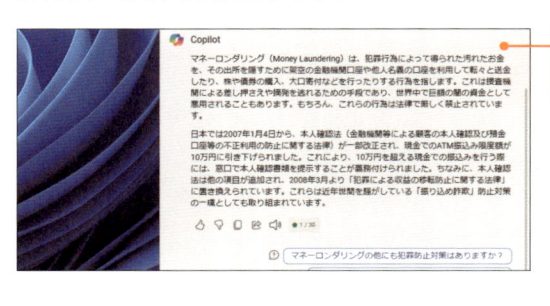

要約された文章が出力されました。

 Hint

文章を改行する

ショートカットキーの Shift + Enter を押すことで、文章を改行できます。

::: 文字数を指定して要約する

要約された文章が出力された後に、入力欄に「指定したい文字数」を入力
し、 Enter を押します。

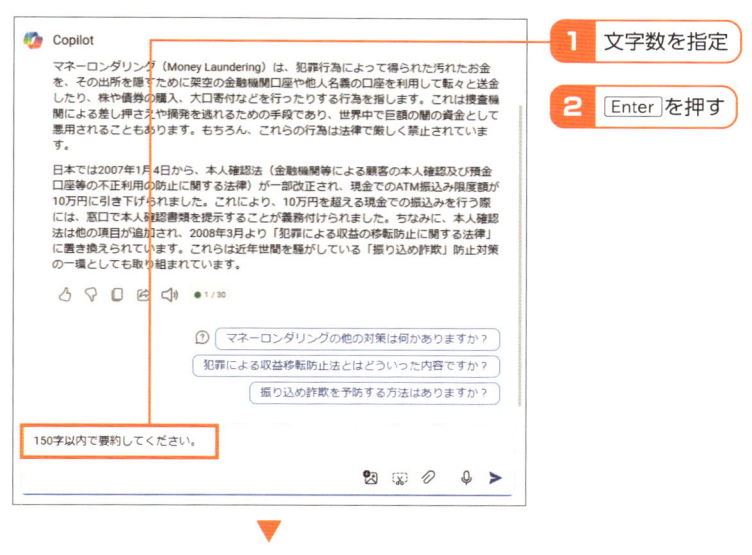

1 文字数を指定

2 Enter を押す

指定した文字数で要約された文章が出力されます。

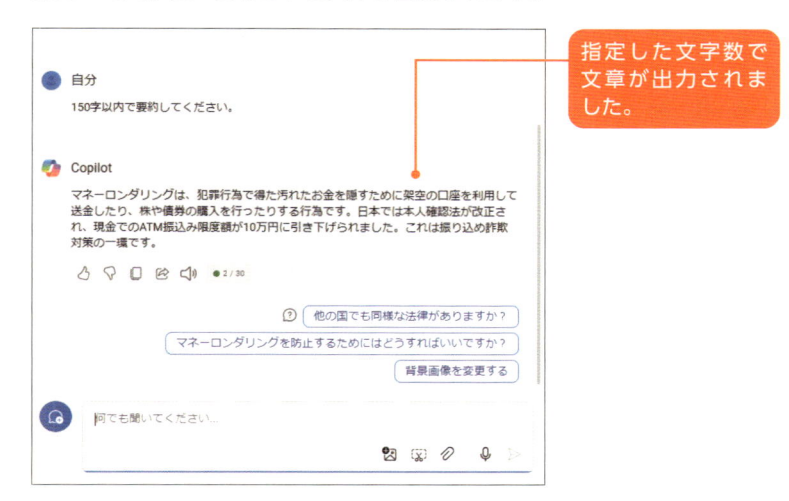

指定した文字数で
文章が出力されま
した。

文章を書いてもらう

文章の内容や、ジャンル、イメージなどを指示するだけで、学術的なものからエッセイのようなものまで、幅広い文章を書いてくれます。意図に沿わない文章が出力された場合は、追加してほしい条件や修正箇所を提示して書き直してもらいましょう。また、途中まで書いてある文章の続きを書いてもらうこともできます。

▦ 文章を書いてもらう

Copilotを起動し、入力欄に「書いてほしい文章の内容」を入力して、Enter を押します。

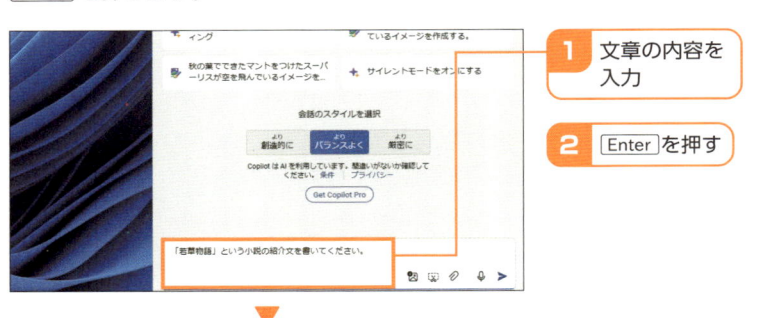

1 文章の内容を入力

2 Enter を押す

文章が出力されます。

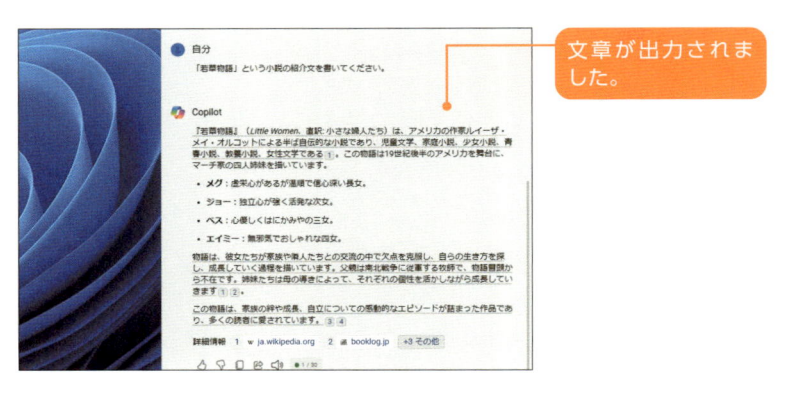

文章が出力されました。

⣿ 文章に条件を追加する

文章が出力された後に、入力欄に「追加してほしい条件」を入力し、Enter を押します。

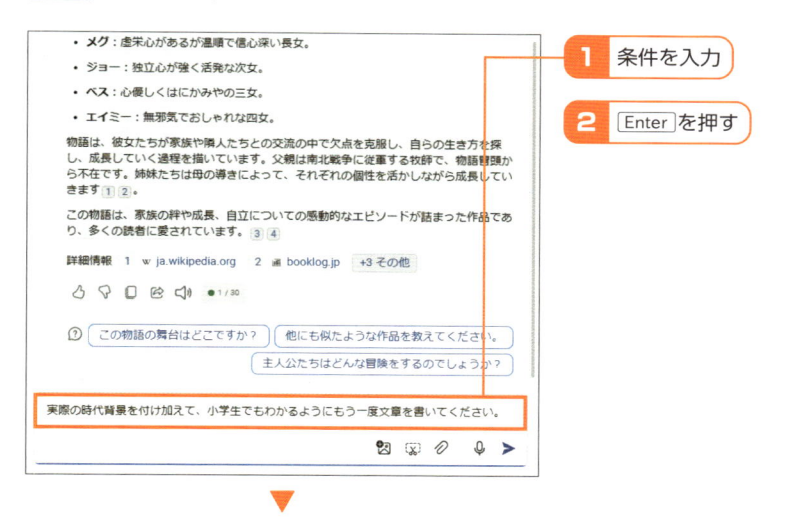

1 条件を入力

2 Enter を押す

▼

条件に沿った文章が出力されます。

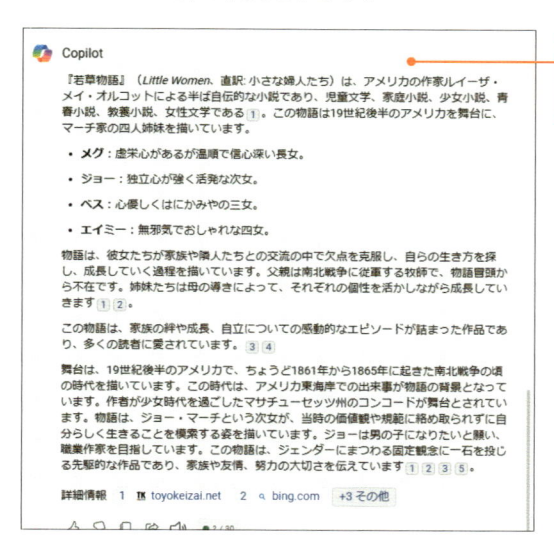

条件が追加された文章が出力されました。

65 画像を生成する

画像の生成を指示すると、一度に4枚の画像が生成されます。生成された画像は、ダウンロードして保存できるだけでなく、編集して共有することもできます。なお、画像生成モデルは「DALL-E 3モデル」が使用されています。

▓▓ 画像を生成する

Copilotを起動し、入力欄に「生成してほしい画像の内容」を入力して、
Enter を押します。

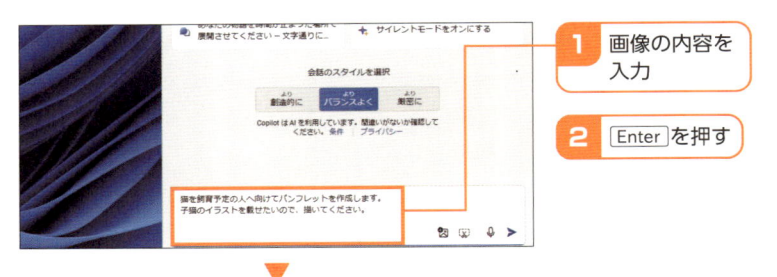

1 画像の内容を入力

2 Enter を押す

画像が生成されます。

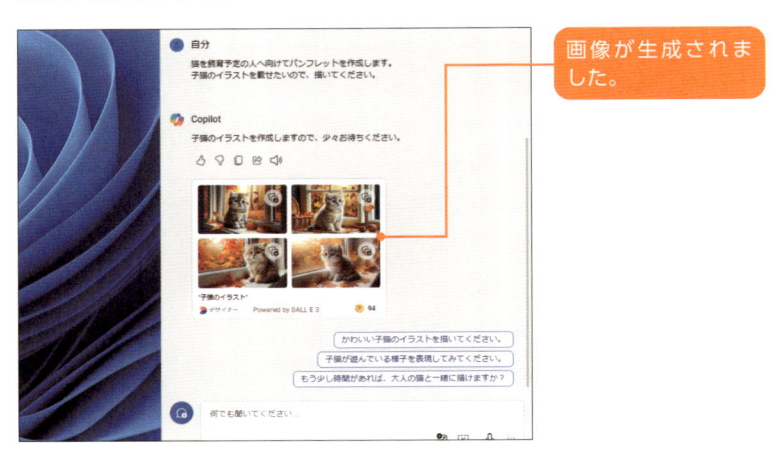

画像が生成されました。

::: 生成された画像を編集する

編集したい画像をクリックします。

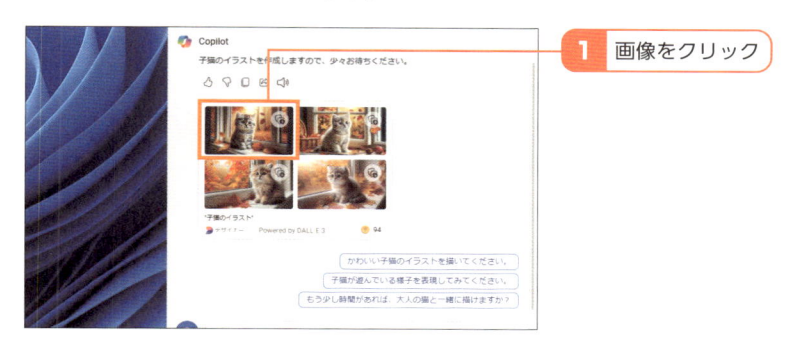

1 画像をクリック

Microsoft Edge が起動し、画像が表示されます。画像を右クリックし、**画像の編集**をクリックします。

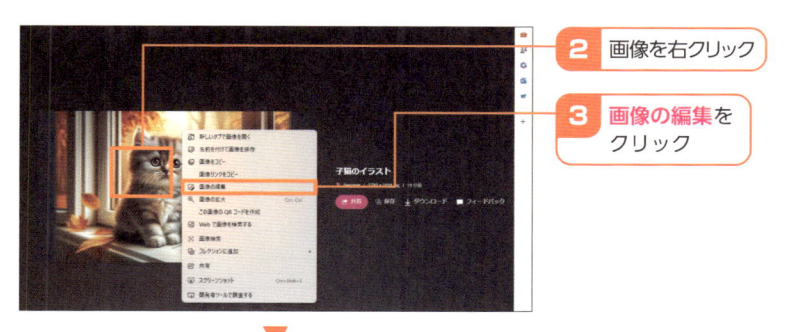

2 画像を右クリック

3 **画像の編集**を
クリック

画像の編集画面が表示されます。編集後に**保存**をクリックすると、編集した画像をダウンロードすることができます。

4 **保存**をクリック

66 パソコンを操作する

Copilotからパソコンを操作できます。たとえば、「設定」や「メモ帳」と
いったインストールされているアプリの起動、音量の調整、ダークモード
への切り替えなどが行えます。なお、操作できないパソコンの機能もあり
ますが、その場合はCopilotが操作方法を教えてくれます。

::: 「設定」アプリを起動する

Copilotを起動し、入力欄に「「設定」アプリを起動してください」と入力
して、Enter を押します。

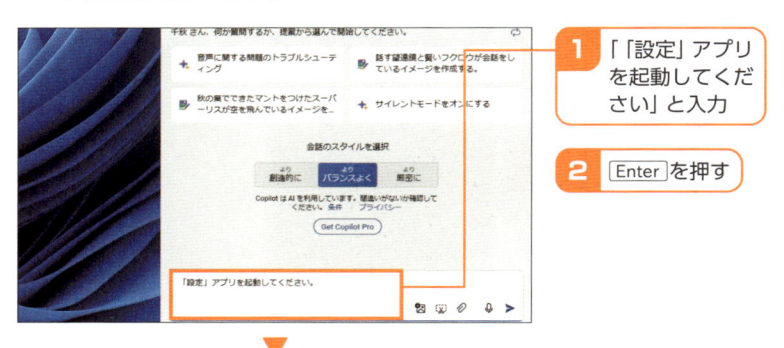

1 「「設定」アプリ
を起動してくだ
さい」と入力

2 Enter を押す

▼

はいをクリックすると、「設定」アプリが起動します。

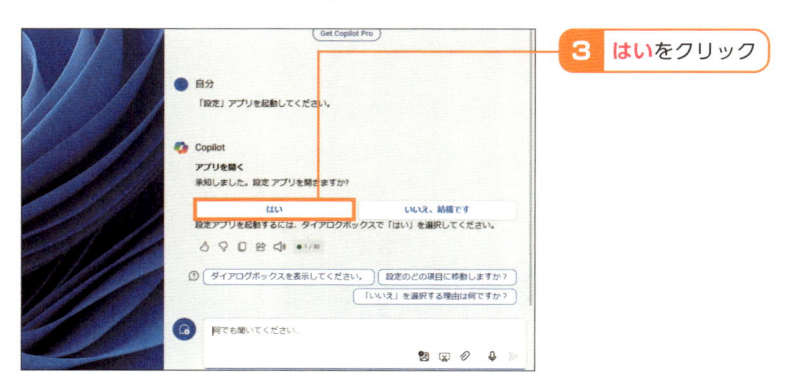

3 **はい**をクリック

▦ 音量を調整する

「音量を大きくしてください」と入力し、Enter を押します。

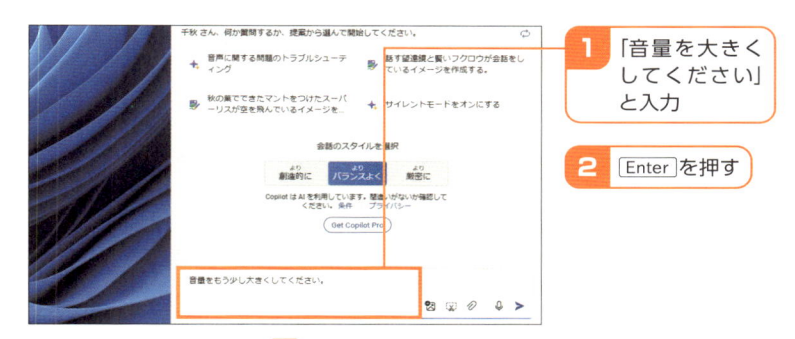

1 「音量を大きく してください」 と入力

2 Enter を押す

はいをクリックします。

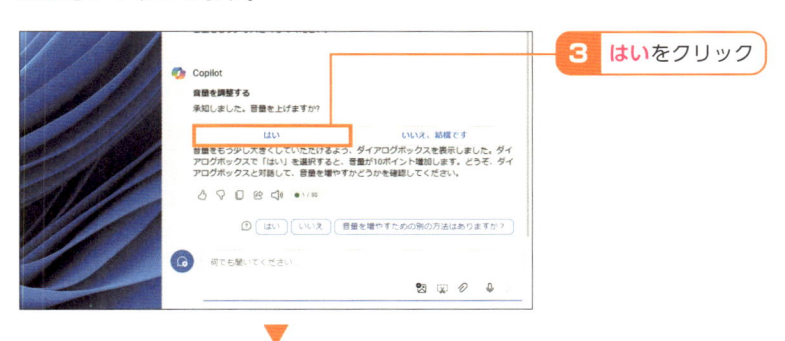

3 **はい**をクリック

音量が変更されます。

音量が変更されま した。

67 Microsoft Edge Copilotを利用する

Microsoft EdgeにもCopilotが組み込まれており、WindowsのCopilotと同様に操作を行えます。サイドバーから起動でき、画面や機能はほとんど同じですが、一部の操作が行えなかったり異なる機能が備わっています。使い分けることでいつもの作業がより便利になります。

▦ Microsoft Edge Copilotを利用する

- ・Microsoft Edgeを起動し、右上の「●」をクリックすると、Microsoft Edge Copilotが起動します。

- ・アプリの起動や、音量の変更など、パソコンの操作はできません。そのかわり、Microsoft Edgeの設定を変更可能です。

- ・「作成」タブという文章執筆専用の機能があるのが特徴です。執筆分野、文章の長さ、形式などを設定する項目があるため、希望する文章を作成してもらいやすいです。

Hint ショートカットキーを利用する

Microsoft Edge Copilotの起動は、ショートカットキーで行うことも可能です。Edgeを起動した状態で、キーボードの Ctrl + Shift + . を押します。

第 **7** 章

メール (Outlook)

Outlookとは

Outlook（アウトルック）とは、Microsoft社が提供するメールサービスです。メール、予定表、ToDoリストなどを一括で管理でき、Web版、デスクトップ版、モバイルアプリ版などがあります。また、Windows 11では従来版の他に新しい「Outlook(new)」が標準搭載されており、無料で使うことができます。本書では従来のOutlookを使用して解説します。

▦ Outlookでできること

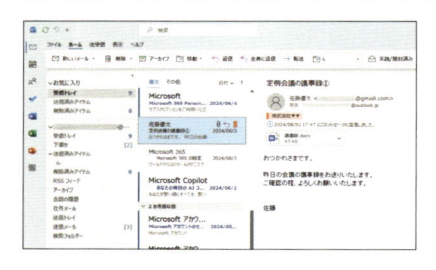

送受信したメールは、フォルダーに収納されるので、いつでも確認できます。署名を追加してメールを作成したり、新しく作成したフォルダーや色で分類してメールをわかりやすく管理できます。

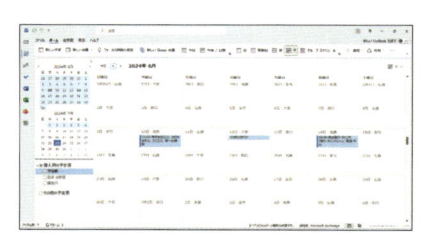

予定表で予定を管理しましょう。予定には、画面左のナビゲーションバーからすぐにアクセスできます。月ごとや週ごとに表示方法を切り替えることも可能です。

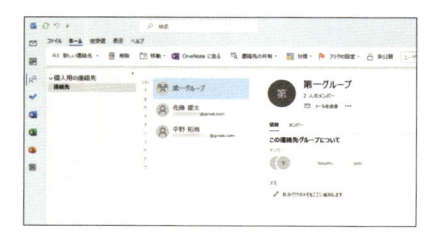

連絡先情報を管理できます。電話番号やメールアドレスなどを登録して連絡先に追加すると、1対1または、グループを作成して連絡を取り合うことが可能です。

⊞ Outlookの画面構成

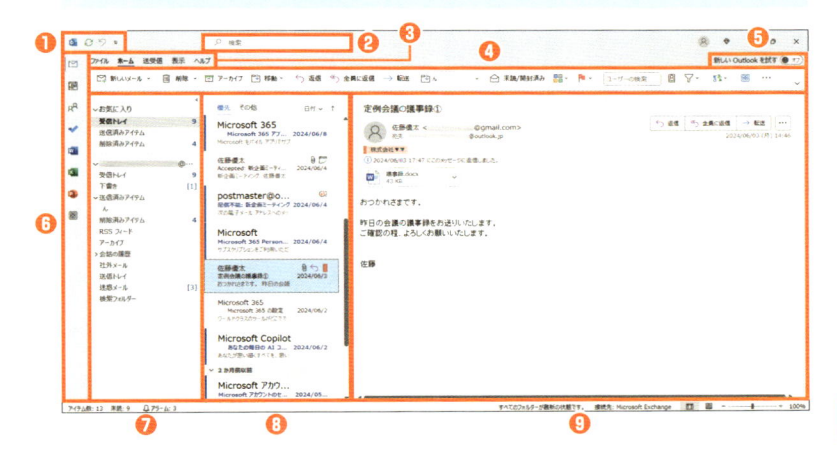

❶ 「クイックアクセスツールバー」です。頻繁に使用するコマンドを追加できます。

❷ 「検索ボックス」です。名前や件名といったキーワードを入力することで、メールを検索できます。

❸ 「タブ」です。「ホーム」や「送受信」など、リボンを切り替えることができます。

❹ 「リボン」です。操作を実行するために使用するすべての項目が表示されています。

❺ 「新しいOutlookを試す」の「●オフ」をクリックすると、新しいOutlookに切り替えることができます。従来のものと操作画面は異なりますが、基本的な操作は同じです。

❻ 「ナビゲーションバー」です。「メール」「予定表」「連絡先」「タスク」などにアクセスできます。

❼ 「フォルダー」です。フォルダーごとに分類されたメールが表示されます。フォルダーは、新しく作成することもできます。

❽ 「ビュー」です。選択したフォルダー内のメールが一覧で表示されます。

❾ 「閲覧ウィンドウ」です。選択したメールの内容を確認できます。返信したり転送したりといった操作も可能です。

7

メール（Outlook）

Outlookを設定する

Outlookをはじめて起動すると、Microsoftアカウントのメールアドレス（16ページを参照）を入力する接続画面が表示されます。メールアドレスを入力して接続しましょう。2回目以降に起動する際は、Outlookのホーム画面が表示されます。

▦ Outlookの初期設定をする

タスクバーの「■」をクリックし、**すべてのアプリ**をクリックします。

1 「■」をクリック

2 すべてのアプリ
をクリック

Outlookをクリックします。

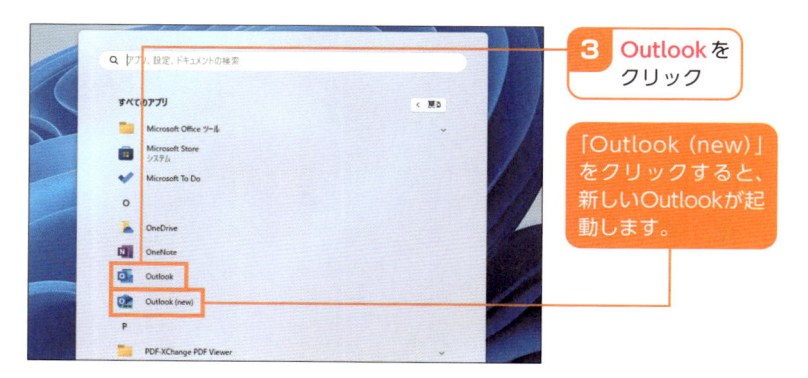

3 Outlookを
クリック

「Outlook（new）」
をクリックすると、
新しいOutlookが起
動します。

はじめて起動する場合は、接続画面が表示されます。「Microsoftアカウントのメールアドレス」を入力し、**接続**をクリックします。

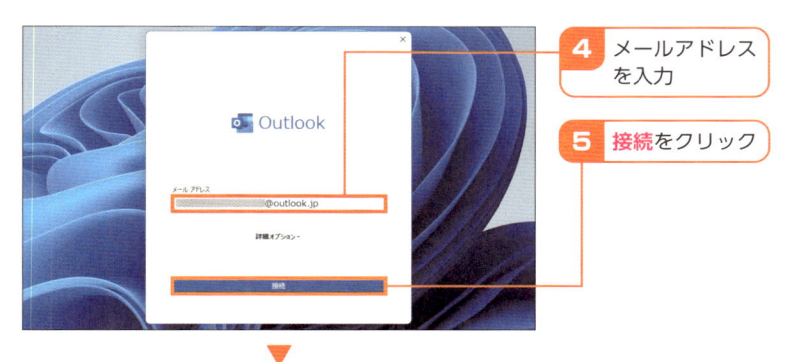

4 メールアドレスを入力

5 接続をクリック

▼

アカウントにメールアドレスが追加されます。**完了**をクリックします。

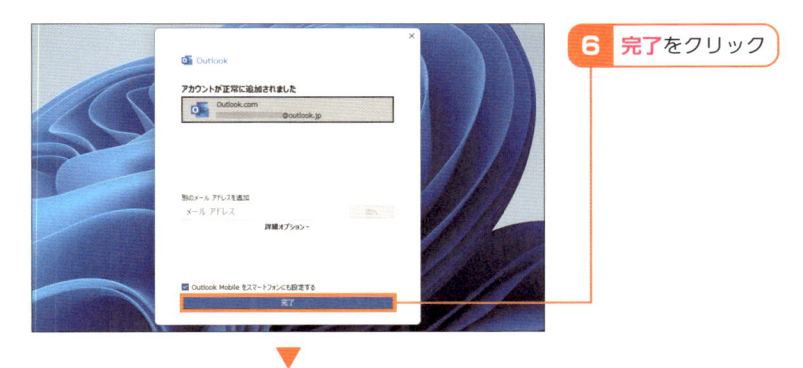

6 完了をクリック

▼

Outlookの初期設定が完了し、Outlookが起動します。プライバシーに関するメッセージが表示される場合は、画面に従って先に進めてください。

初期設定が完了しました。

Outlookを起動/終了する

Outlookは、アプリ一覧から起動できます。メール管理用のアプリとして日常使いする場合は、タスクバーやスタートメニューにピン留めすると、すぐに開けて便利です（38ページを参照）。

⠿ Outlook を起動する

タスクバーの「🟦」から**すべてのアプリ**をクリックします。

1 「🟦」をクリック

2 **すべてのアプリ**をクリック

▼

Outlook をクリックします。

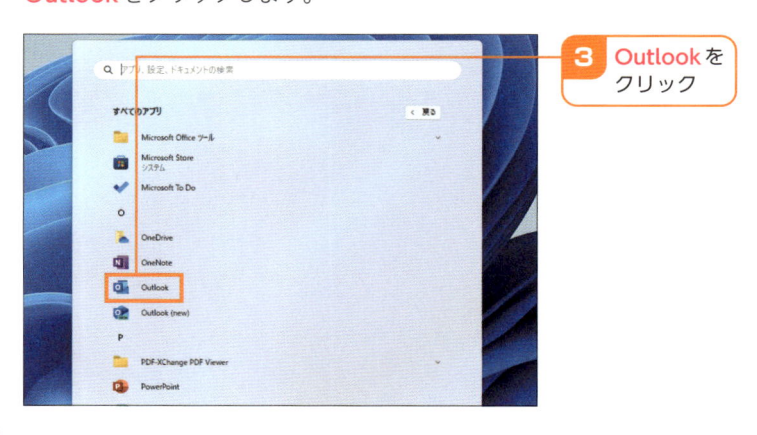

3 Outlook をクリック

Outlookが起動します。

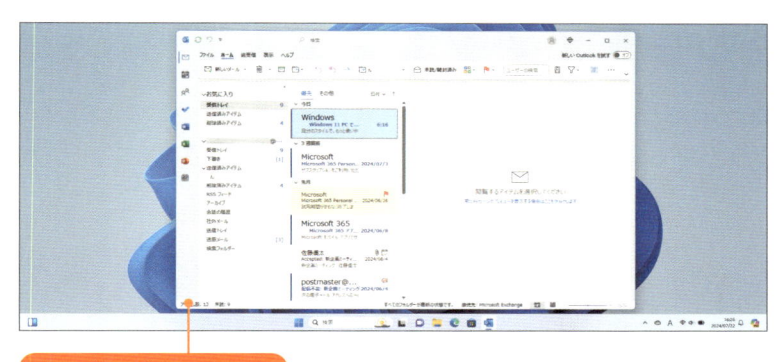

Outlookが起動しました。

▦ Outlookを終了する

画面右上の「×」をクリックします。

1 「×」を
クリック

Outlookが終了します。

Outlookが終了しました。

155

メールを送信する

Outlookにサインインしたら、早速メールを作成して、送信しましょう。
相手のメールアドレスさえ知っていれば、簡単にテキストを入力して相手
とのやり取りを開始できます。

⠿ メール作成画面を表示する

Outlookを起動し、**ホーム**をクリックします。

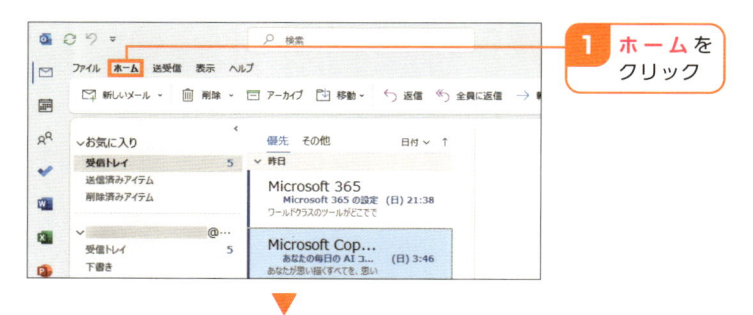

1 **ホーム**を
クリック

新しいメールをクリックすると、メール作成画面が表示されます。

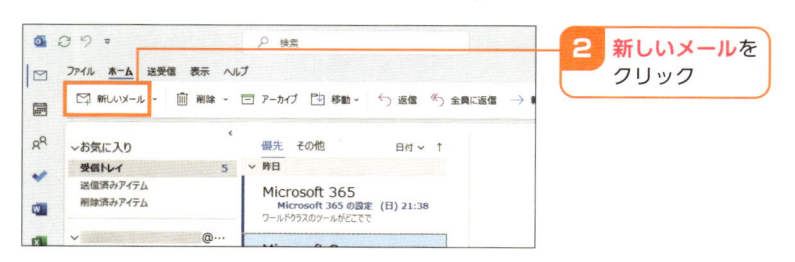

2 **新しいメール**を
クリック

Hint

複数の相手にメールを送信する

一度に複数の相手にメールを送りたい場合は、**宛先**の入力欄に、送信したい相手
のメールアドレスを入力します。メールアドレスを入力して Enter を押し、再度
別のメールアドレスを入力していきます。

▓ メールを送信する

メール作成画面の**宛先**の入力欄に「送信したい相手のメールアドレス」を入力し、Enter を押します。**件名**の入力欄をクリックします。

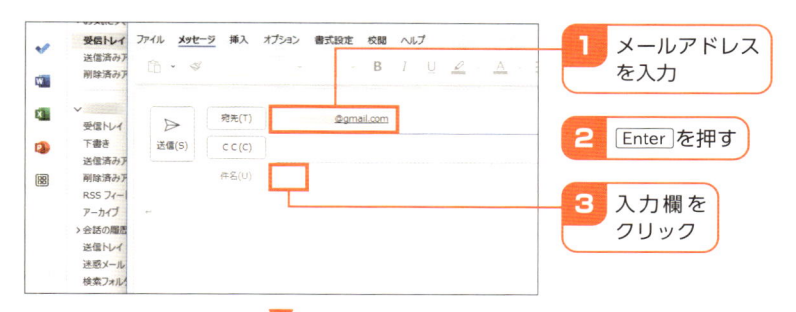

1 メールアドレスを入力

2 Enter を押す

3 入力欄をクリック

「件名」を入力し、**本文**の入力欄をクリックします。

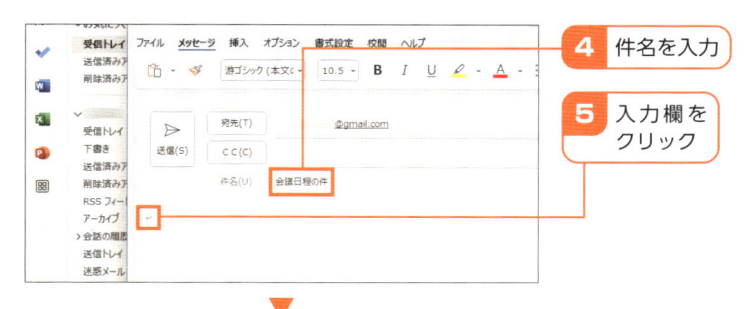

4 件名を入力

5 入力欄をクリック

「本文」を入力して**送信**をクリックすると、メールが送信されます。

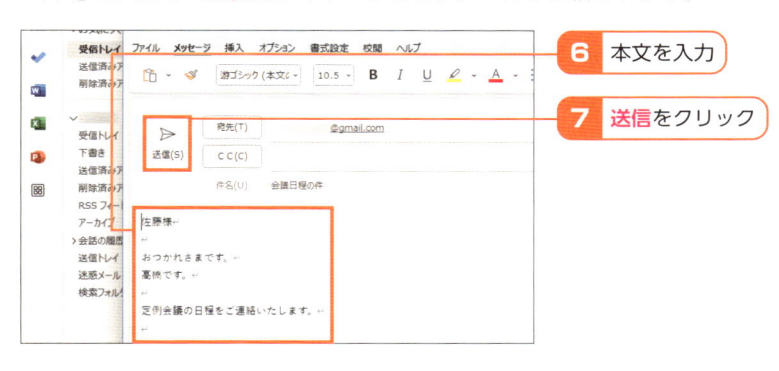

6 本文を入力

7 **送信**をクリック

メールの形式を設定する

Outlookでは、送信するメールごと、またはすべてのメールの送信形式を、テキスト形式、HTML形式、リッチテキスト形式から切り替えることができます。送信内容や送信相手の受信環境によって柔軟に設定しましょう。

送信メールごとに形式を設定する

Outlookのメール作成画面を表示し、**書式設定**から「…」をクリックします。

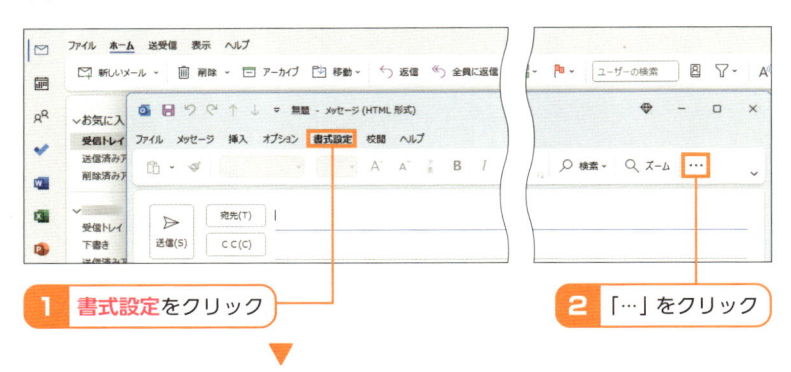

1 **書式設定**をクリック

2 「…」をクリック

メッセージ形式にマウスカーソルを合わせると表示される「表示形式」をクリックで選択すると、形式が設定されます。

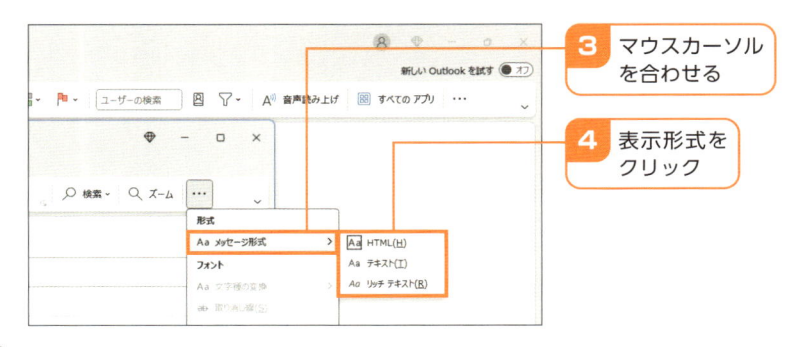

3 マウスカーソルを合わせる

4 表示形式をクリック

すべてのメールの送信形式を設定する

Outlookを起動し、**ファイル**をクリックします。

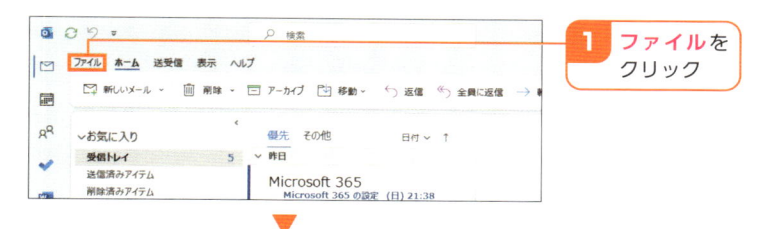

1 ファイルを
クリック

オプションをクリックします。

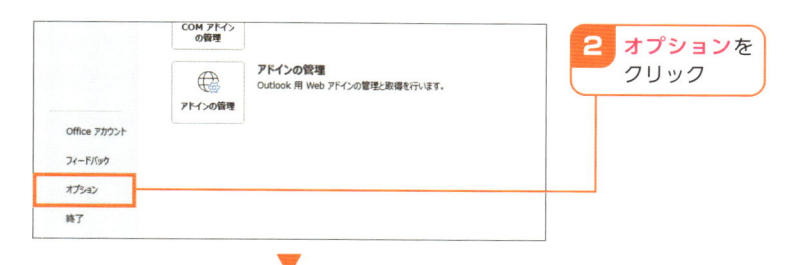

2 オプションを
クリック

Outlookのオプション画面が表示されます。**メール**をクリックし、「次の形式でメッセージを作成する」の「∨」をクリックします。表示される「表示形式」をクリックで選択し、**OK**をクリックします。

3 メールをクリック　　**4** 「∨」をクリック

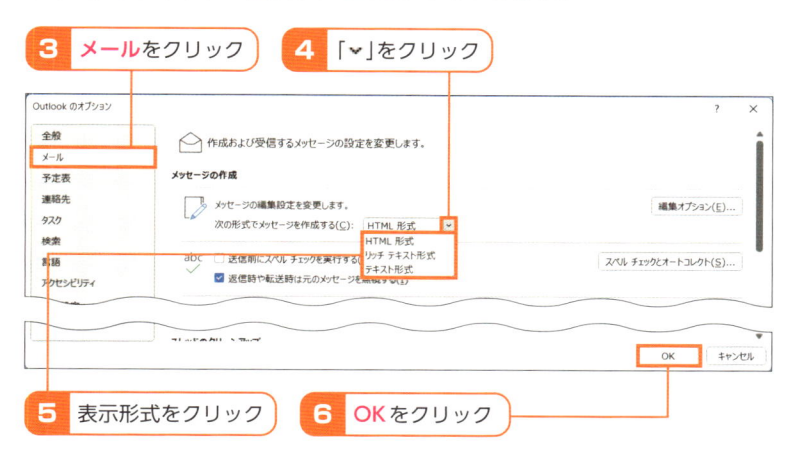

5 表示形式をクリック　　**6** OKをクリック

7

メール（Outlook）

159

メールにファイルを添付する

ファイルの種類などによって異なりますが、一度に合計20MBまでのファイルをメールに添付して送信できます。複数のファイルを添付することも可能です。メール作成画面にファイルをドラッグ＆ドロップして添付することもできます。

⠿ ファイルを添付する

Outlookのメール作成画面を表示し、**挿入**をクリックします。

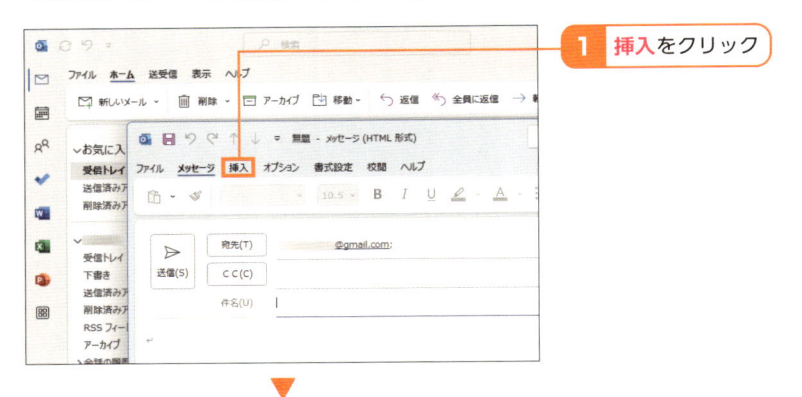

1 挿入をクリック

▼

ファイルの添付をクリックします。

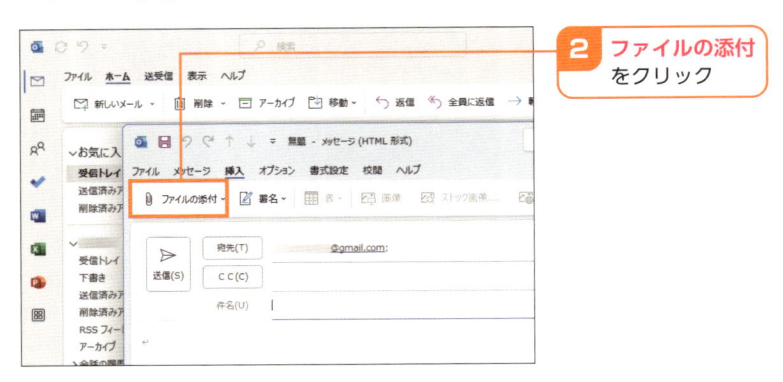

2 ファイルの添付をクリック

ここでは、**このPCを参照**をクリックします。

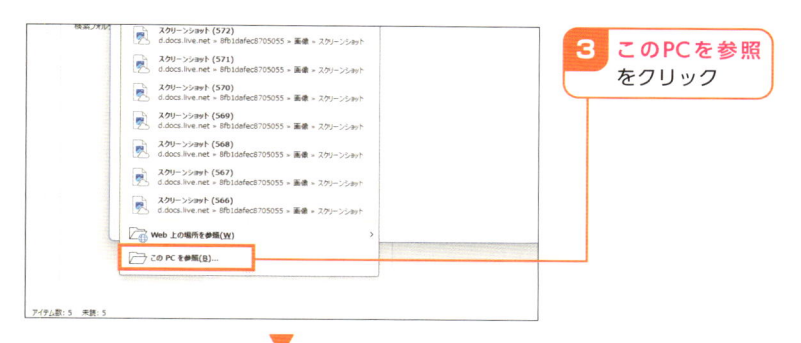

3 **このPCを参照**をクリック

添付したいファイルをクリックで選択し、**挿入**をクリックします。

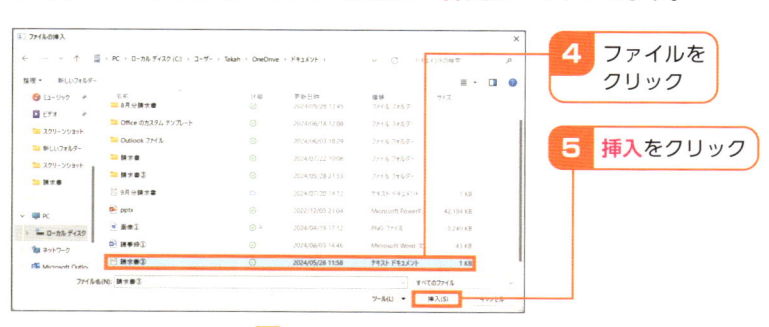

4 ファイルをクリック

5 **挿入**をクリック

メールにファイルが添付されます。

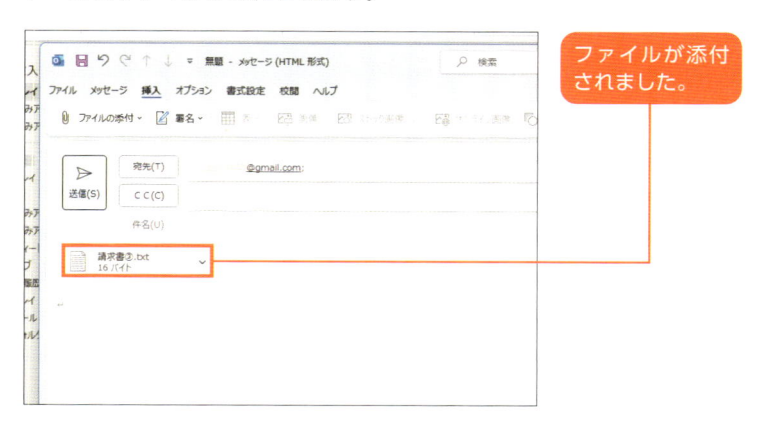

ファイルが添付されました。

74 添付ファイルを保存する

相手から送られてきたメールにファイルが添付されていた場合、そのファイルを自分のパソコンに保存しておくことができます。名前や保存先を変更して、わかりやすいように管理可能です。

⠿ 添付ファイルを保存する

Outlookを起動し、**ホーム**をクリックします。

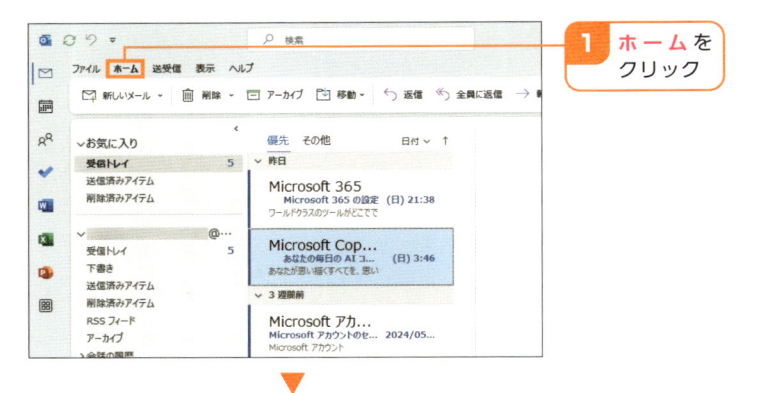

1 ホーム を
クリック

▼

受信トレイをクリックします。

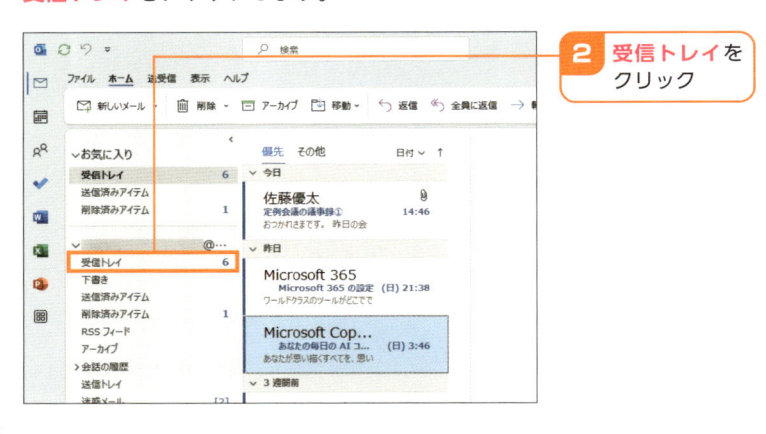

2 受信トレイ を
クリック

受信したメールが一覧で表示されます。添付されているアイテムがある場合、メールに「📎」が表示されています。ファイルを保存したいメールをクリックで開きます。

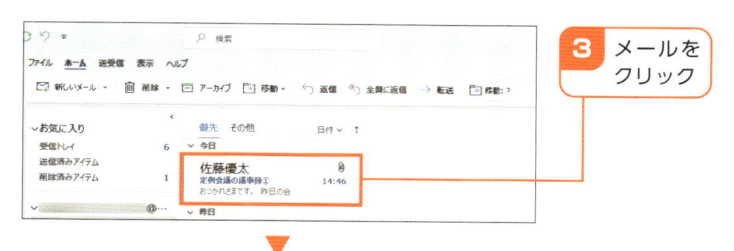

3 メールをクリック

メールが開き、添付ファイルが表示されます。保存したいファイルの「∨」をクリックし、**名前を付けて保存**をクリックします。

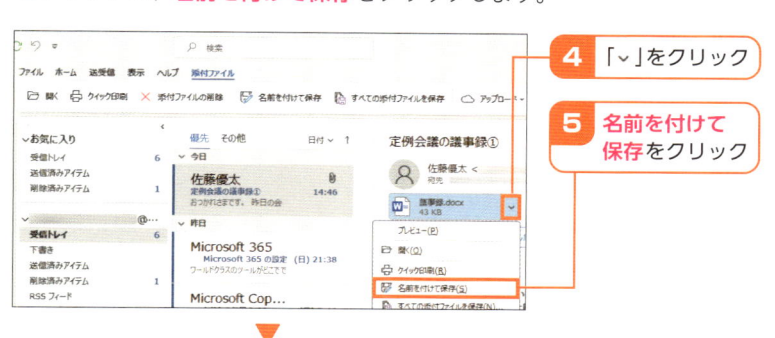

4 「∨」をクリック

5 **名前を付けて保存**をクリック

エクスプローラーが開きます。保存先のフォルダーを指定し、ファイル名を入力して**保存**をクリックすると、ファイルが保存されます。

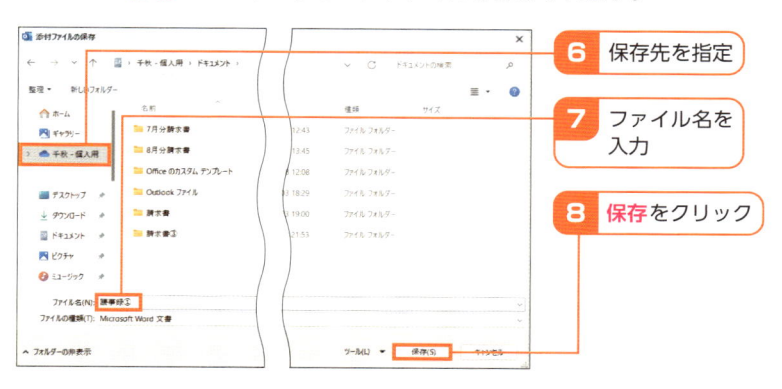

6 保存先を指定

7 ファイル名を入力

8 **保存**をクリック

75 連絡先を登録する

「連絡先」では、相手の連絡先情報を登録できます。連絡先を登録してお
けば、メールを作成する際に相手のメールアドレスを入力する手間を省け
るので、便利です。連絡先には、画面左のナビゲーションバーからいつで
もアクセス可能です。

連絡先を登録する

Outlookを起動し、「🖎」をクリックします。

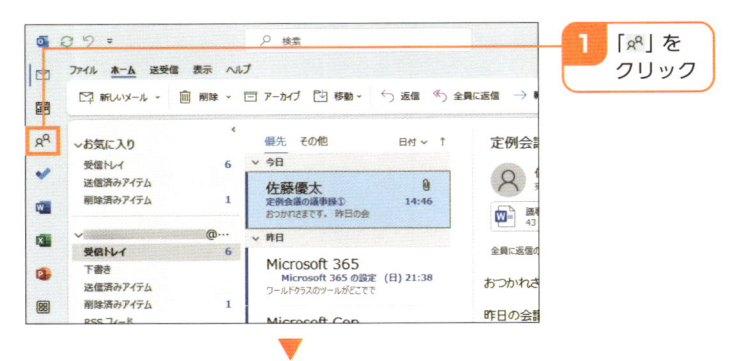

> **1** 「🖎」を
> クリック

登録している連絡先の一覧が表示されます。**新しい連絡先**をクリックしま
す。

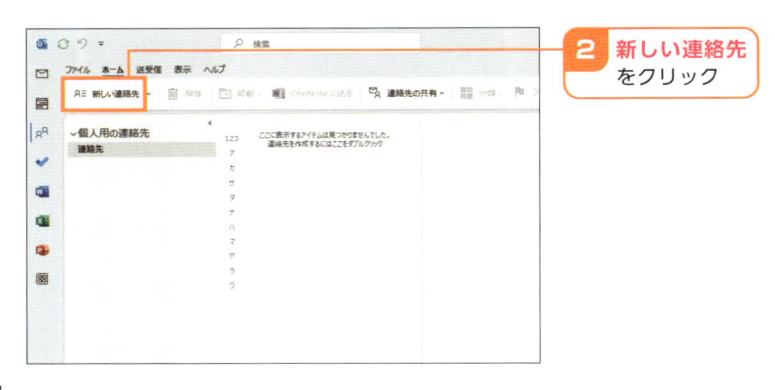

> **2** **新しい連絡先**
> をクリック

連絡先の登録画面が表示されます。登録したい相手の名前や、勤務先、電話番号、メールアドレスなどの情報を入力し、**保存して閉じる**をクリックすると、連絡先が登録されます。

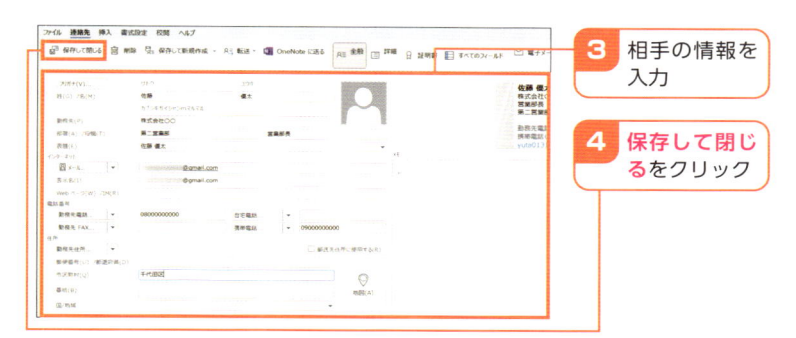

3 相手の情報を入力

4 保存して閉じるをクリック

7

メール（Outlook）

Hint グループを作成する

連絡先の一覧を表示し、**ホーム❶**の「新しい連絡先」の「**∨**」❷をクリックして**連絡先グループ❸**をクリックします。グループ名❹を入力し、**メンバーの追加❺**から**Outlookの連絡先から**をクリックすると登録されている連絡先が表示されるので、メンバーを選択して**❻メンバー❼**をクリックし、OK❽をクリックします。

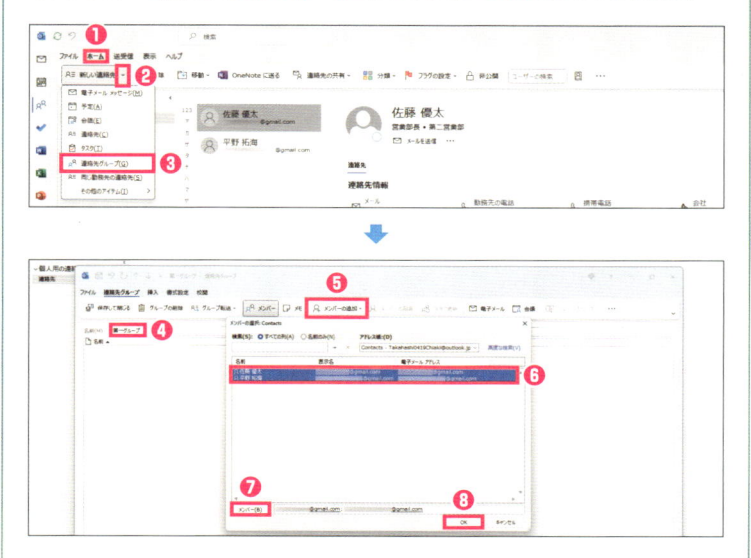

連絡先を使って
メールを送信する

164〜165ページで連絡先に登録した相手には、連絡先の情報からすぐに
メールを作成して送信できます。相手の個人情報が変わった場合は、適宜
編集して送り間違いのないようにしましょう。

連絡先からメールを送信する

Outlookを起動し、**ホーム**から**新しいメール**をクリックします。

1 **ホーム**を
クリック

2 **新しいメール**
をクリック

メール作成画面が表示されるので、**宛先**をクリックします。

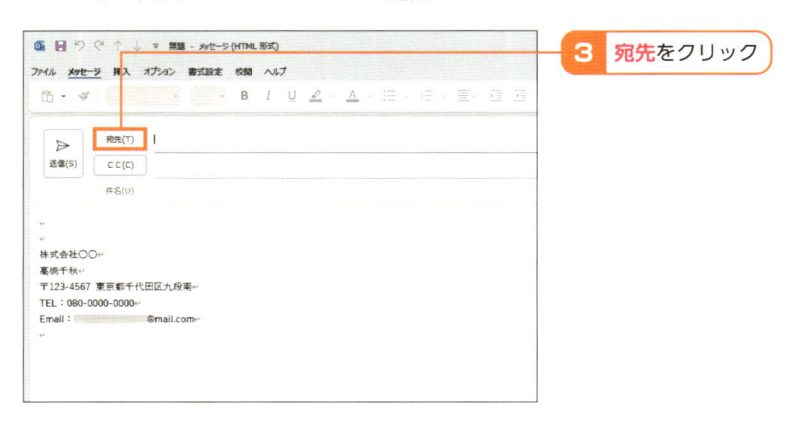

3 **宛先**をクリック

メールを送信したい相手をクリックして選択し、**宛先**をクリックします。
「宛先」が間違っていないかを確認したら、**OK** をクリックします。

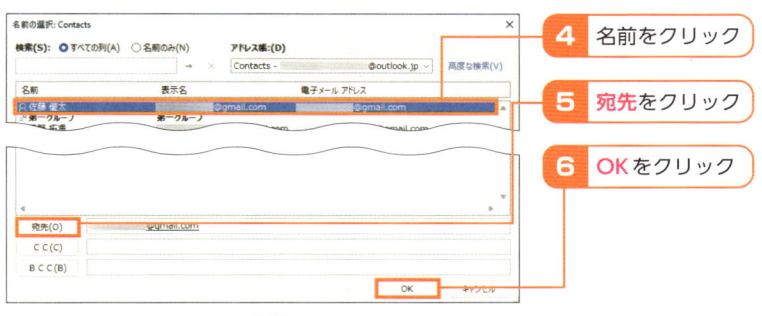

「宛先」に相手のメールアドレスが入力されます。

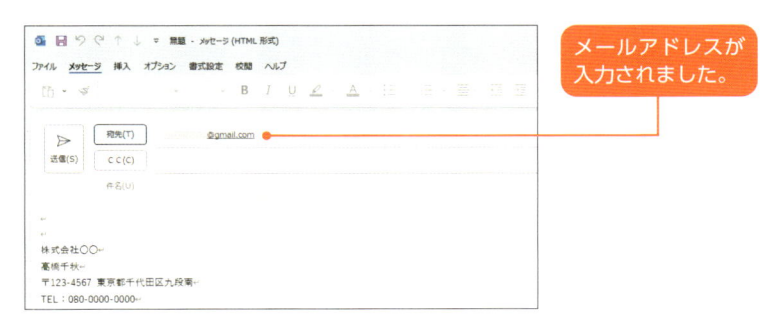

Hint　連絡先を編集する

登録した連絡先の情報は、いつでも編集できます。連絡先の一覧を表示し、編集したい相手の連絡先をクリックして、「…」→**連絡先の編集**をクリックすると、連絡先の情報を編集可能です。

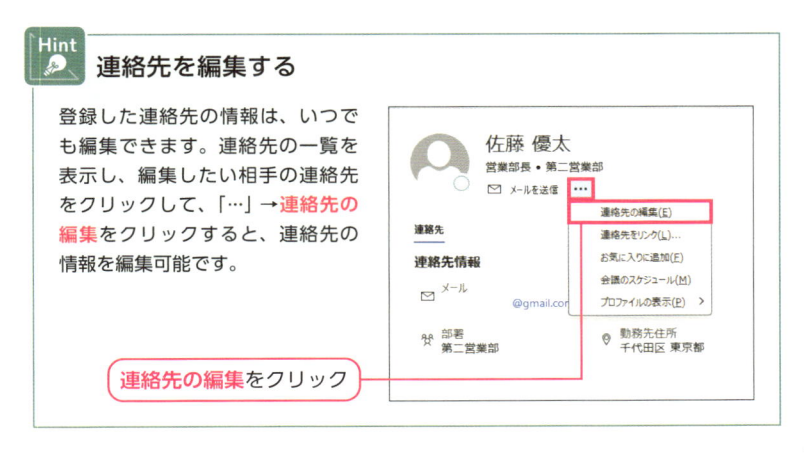

メールに返事を書く

相手から受け取ったメールは、「受信トレイ」フォルダーに振り分けられます。フォルダーをクリックすると、デフォルトでは最新の日付順に上から一覧で表示されるので、クリックして内容を確認しましょう。

::: 受信したメールを開く

Outlookを起動し、**ホーム**から**受信トレイ**をクリックします。

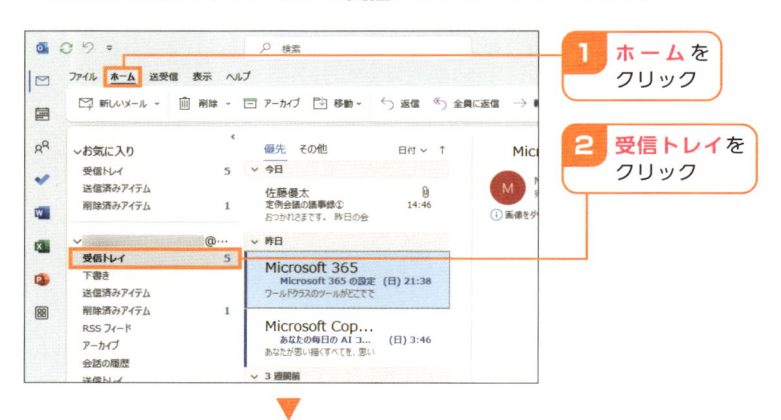

1 **ホーム**を
クリック

2 **受信トレイ**を
クリック

確認したいメールをクリックすると、開きます。

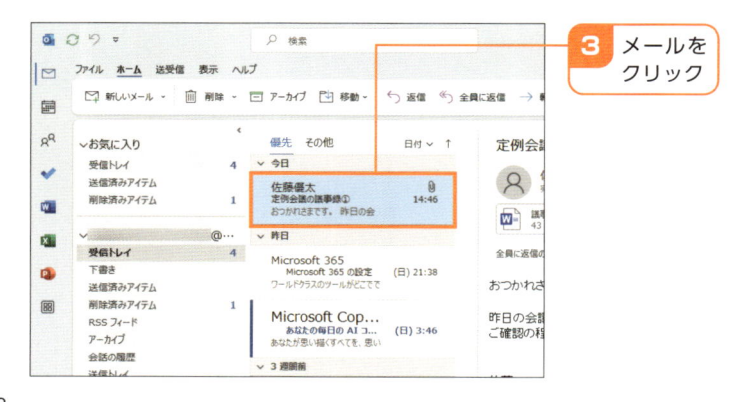

3 メールを
クリック

▦ メールに返事を書く

返信したいメールを開き、**返信**（↩）をクリックします。

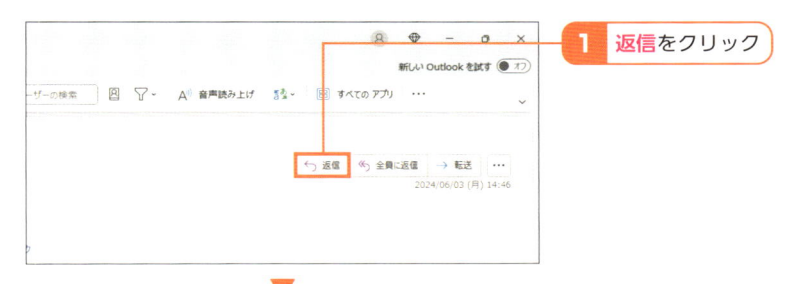

1 返信をクリック

メール作成画面が表示されます。本文を入力して**送信**をクリックすると、
メールが送信されます。

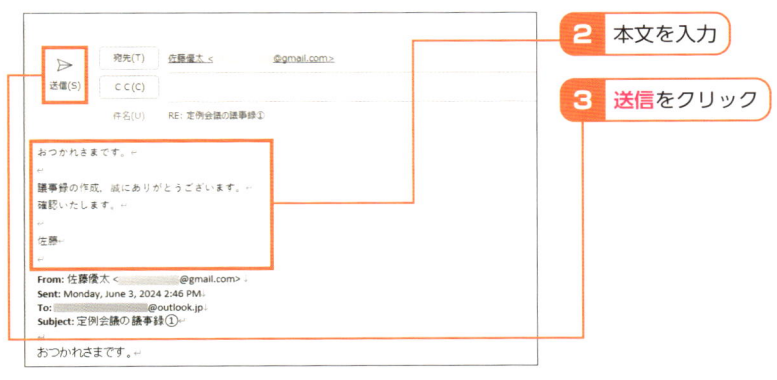

2 本文を入力

3 送信をクリック

Hint 全員に返信する

返信（↩）をクリックすると、送り
主のメールアドレスへ返事を送れ
ますが、**全員に返信**（↩）をクリッ
クすると、送り主に加えて、元の
メールのすべての送信先に返事を
送れます。

全員に返信をクリック

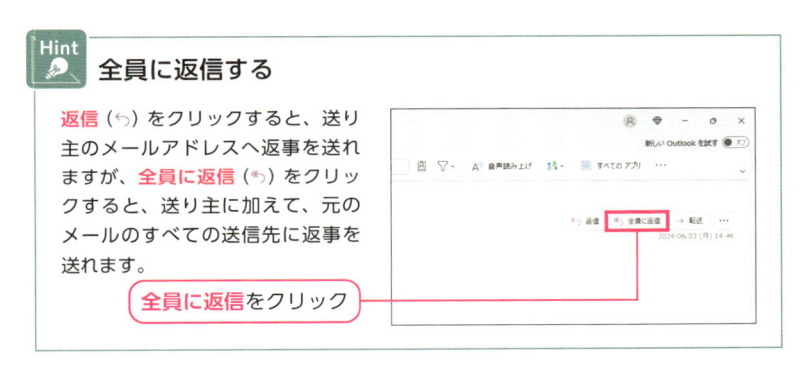

署名を設定する

署名とは、メールの最後に挿入する自分の名前や、連絡先、所属先などの情報をまとめた内容のことです。設定しておくと、メールを送信する際には必ず末部に挿入されるので、手動で書き込む手間を省けます。特にビジネスの現場では多く使われています。

▦ 署名を設定する

Outlookを起動し、**ファイル**をクリックします。

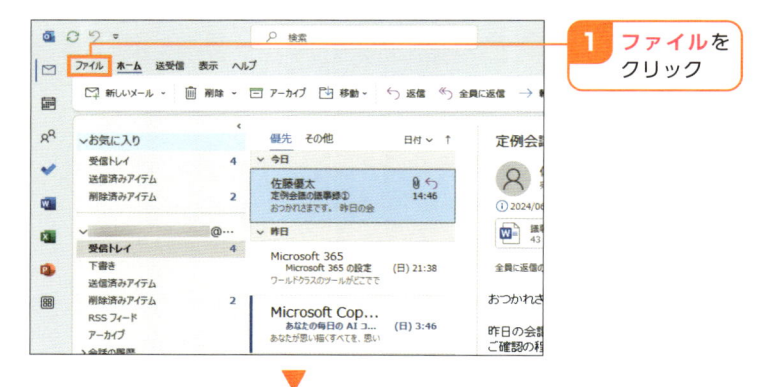

> **1** **ファイル**を
>   クリック

オプションをクリックします。

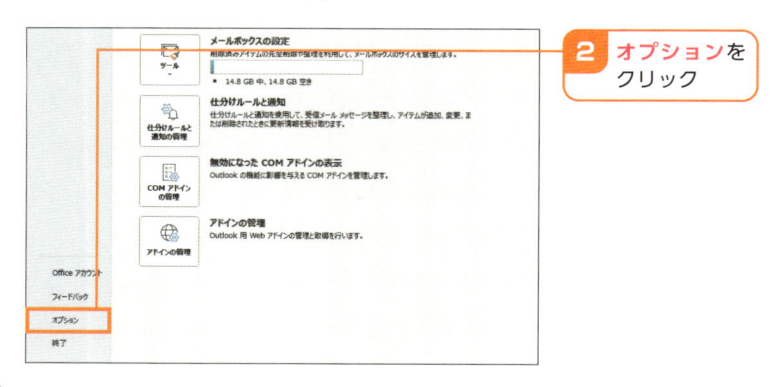

> **2** **オプション**を
>   クリック

メールをクリックし、「メッセージの署名を作成または変更します。」の**署名**をクリックします。

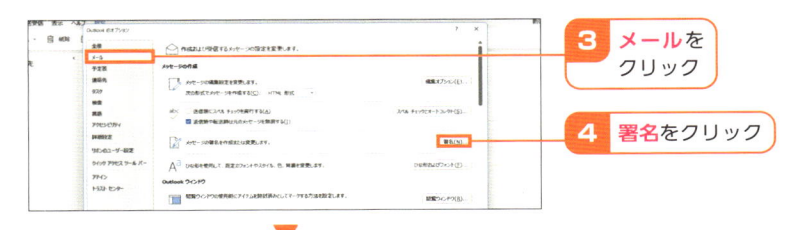

3 メールを
クリック

4 署名をクリック

「署名とひな形」ダイアログの「署名」タブが開きます。**新規作成**をクリックし、設定したい署名の名前を入力して **OK** をクリックします。

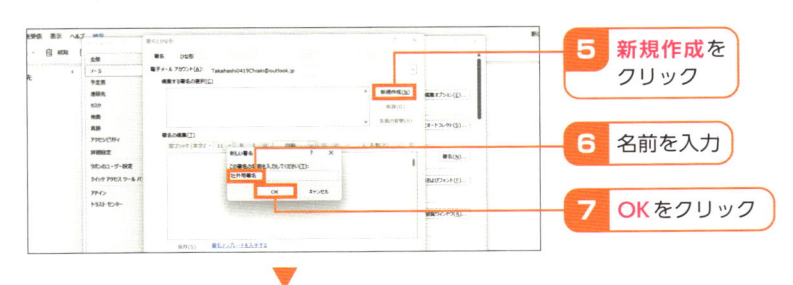

5 新規作成を
クリック

6 名前を入力

7 OKをクリック

署名の内容を入力し、**OK → OK** をクリックすると、署名が設定されます。

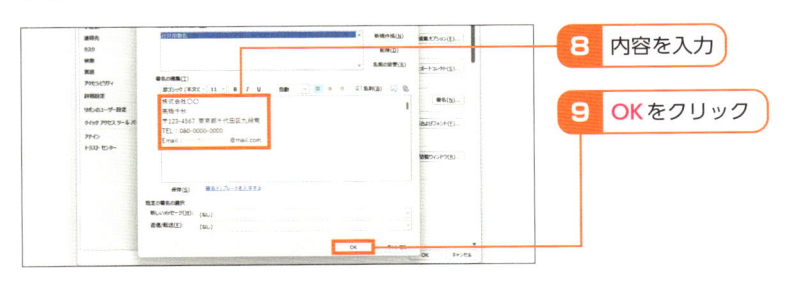

8 内容を入力

9 OKをクリック

Hint 既定の署名を設定する

既定の署名の選択では、「新しいメッセージの作成時」と「返信／転送時」にあらかじめ入力された署名を設定できます。それぞれの入力欄をクリックすると、作成した署名の名前が表示されるので、そこから選択します。

メールを転送する

メールの転送とは、自分が受信または送信したメールを、別のメールアドレス宛にそのまま送ることです。ここでは、受信したメールを転送します。第三者に情報を共有するのに役立つ機能ですが、誤送信しないように気をつける必要があります。

メールを転送する

Outlookを起動し、**ホーム**から**受信トレイ**をクリックします。

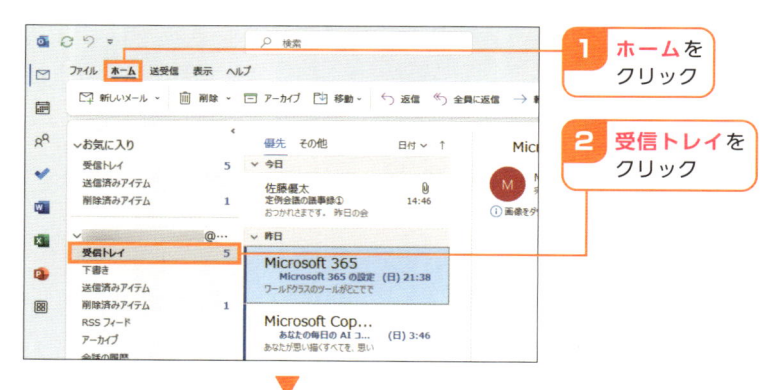

1 **ホーム**を
クリック

2 **受信トレイ**を
クリック

転送したいメールをクリックして開きます。

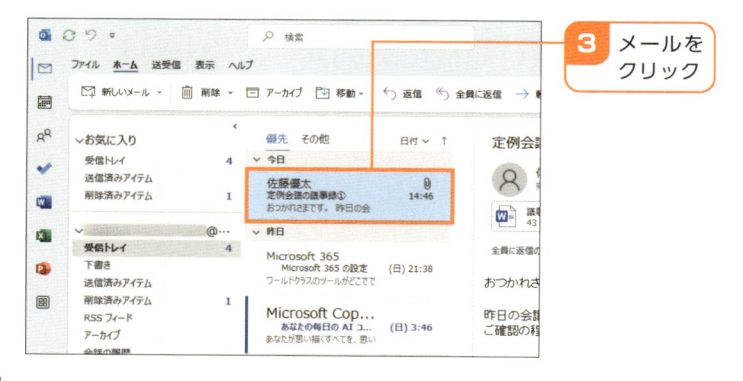

3 メールを
クリック

メールが開いたら、**転送**（→）をクリックします。

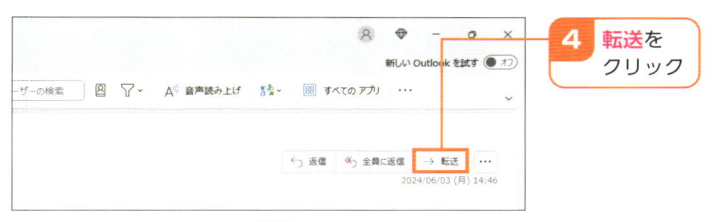

4 転送を
クリック

▼

メール作成画面が表示されたら、「宛先」に転送先のメールアドレスを入力
します。本文を入力して**送信**をクリックすると、メールが転送されます。

5 メールアドレス
を入力

6 本文を入力

7 送信を
クリック

Hint 下書きを作成する

メール作成画面で、右上の「×」をクリックして画面を閉じようとすると、下書き
を保存するかどうかを問うダイアログボックスが表示されます。**はい**をクリック
すると、「下書き」フォルダーに保存されます。

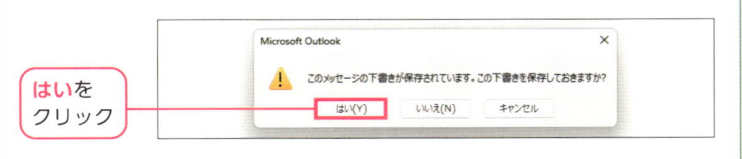

はいを
クリック

80 メールを分類する

大量のメールは、フォルダーに分けたり（178〜179ページを参照）色分けしたりして、わかりやすいよう整理できます。分類したメールには設定した色が付くので一目でどのようなメールか検討がつきます。項目の名前と色を好きなように変更できるので、便利です。

▦ メールを分類する

Outlookを起動し、**ホーム**から分類したいメールを右クリックします。

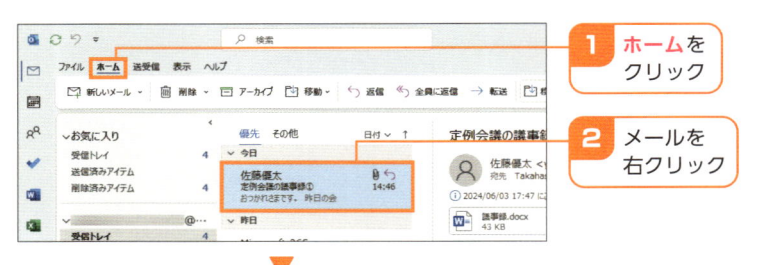

1	**ホーム**をクリック
2	メールを右クリック

メニューが表示されます。**分類**にマウスカーソルを合わせると、分類項目が表示されます。**すべての分類項目**をクリックします。

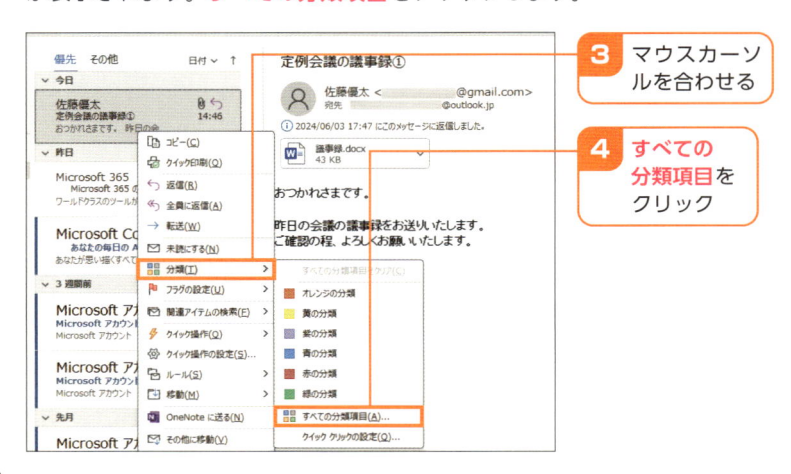

3	マウスカーソルを合わせる
4	**すべての分類項目**をクリック

名前の変更をクリックし、変更したい項目名を入力します。

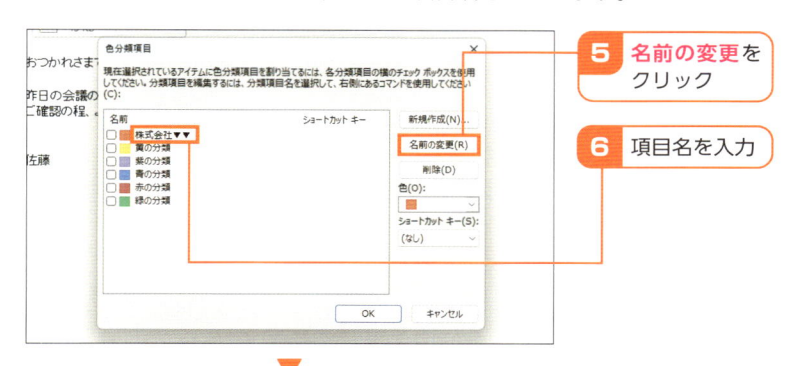

5 **名前の変更**を
クリック

6 項目名を入力

分類したい項目の「□」をクリックでチェックして、**OK**をクリックします。

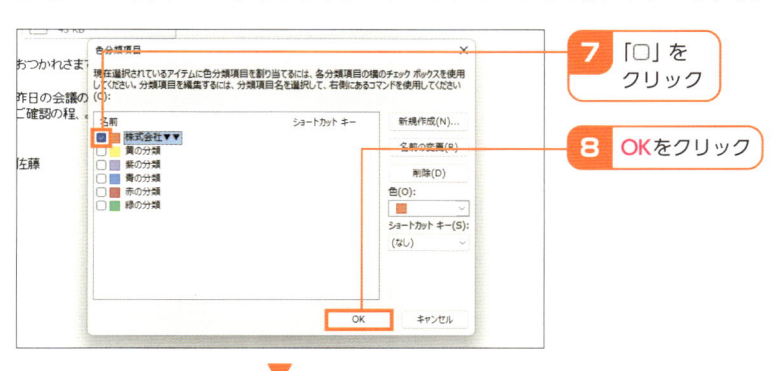

7 「□」を
クリック

8 **OK**をクリック

メールが分類されます。

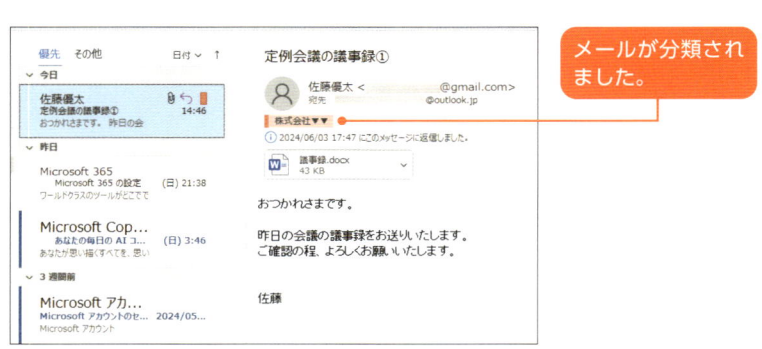

メールが分類され
ました。

メールをバックアップする

Outlookにはバックアップ機能が備わっており、データの紛失に備えて複製したデータを安全な別の場所に保存しておくことができます。ここでは、デスクトップアプリ版Outlookのバックアップ方法を解説します。

メールをバックアップする

Outlookを起動し、**ファイル**をクリックします。

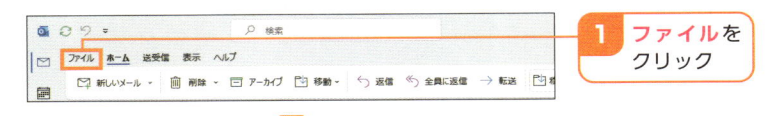

> **1** **ファイル**を
> クリック

開く/エクスポートから**インポート/エクスポート**をクリックします。

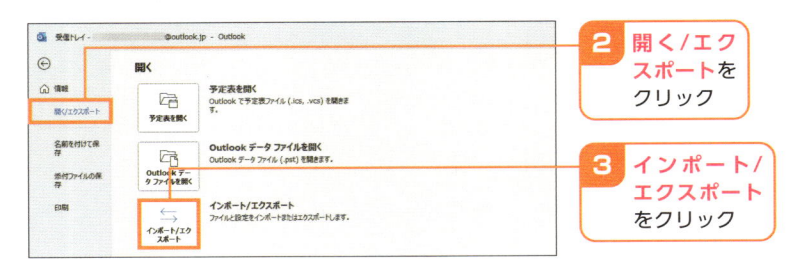

> **2** **開く/エク
> スポート**を
> クリック

> **3** **インポート/
> エクスポート**
> をクリック

ここでは、**ファイルにエクスポート**をクリックし、**次へ**をクリックします。

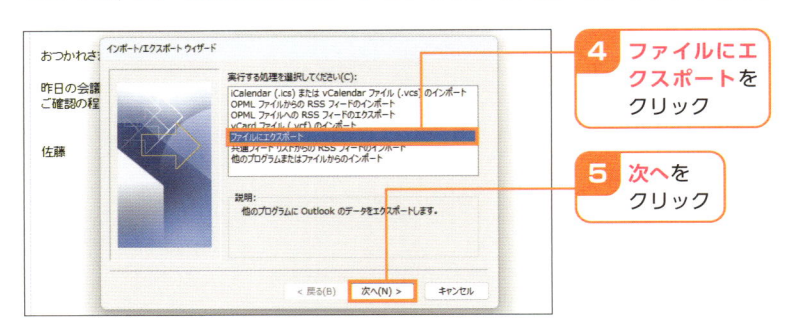

> **4** **ファイルにエ
> クスポート**を
> クリック

> **5** **次へ**を
> クリック

ファイルの種類を選択します。ここでは、**Outlookデータファイル**をクリックし、**次へ**をクリックします。

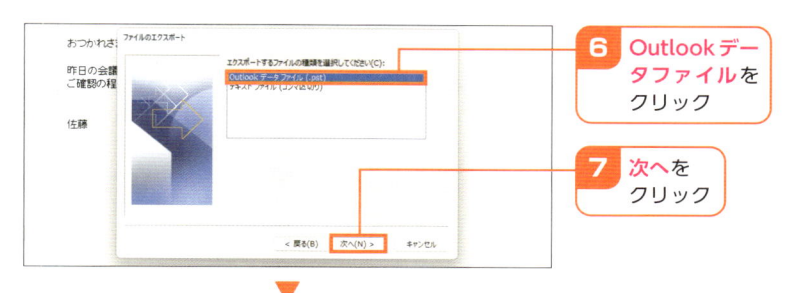

6 **Outlookデータファイル**をクリック

7 **次へ**をクリック

▼

バックアップを取りたいメールフォルダーを選択します。ここでは、**受信トレイ**をクリックし、**次へ**をクリックします。

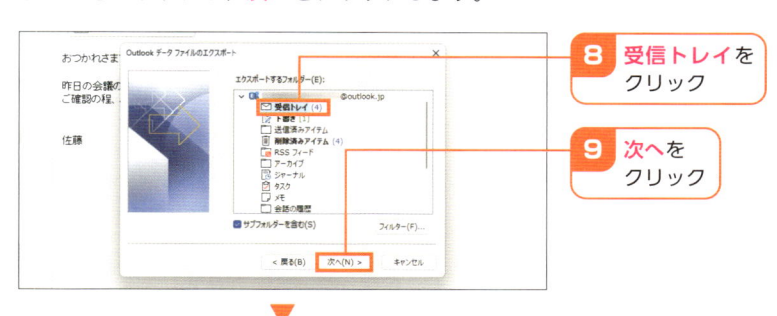

8 **受信トレイ**をクリック

9 **次へ**をクリック

▼

エクスポートしたデータの保存場所を選択します。ここでは、**重複した場合、エクスポートするアイテムと置き換える**をクリックし、**完了**をクリックします。画面の指示に従ってバックアップ用のパスワードを設定しましょう。

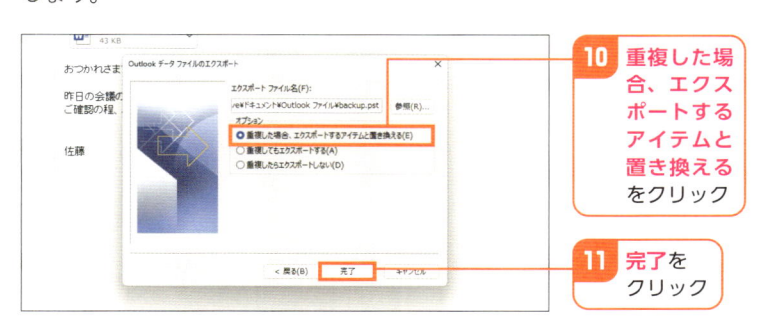

10 **重複した場合、エクスポートするアイテムと置き換える**をクリック

11 **完了**をクリック

82

フォルダーでメールを整理する

Outlookの画面左側にはメールフォルダーがあり、デフォルトでは、「受信トレイ」「送信トレイ」「迷惑メール」などのフォルダーにメールが自動で振り分けられています。新しいフォルダーを作成してメールをより細かくカテゴライズすることもできます。

⠿ フォルダーを作成する

Outlookを起動し、**ホーム**からフォルダーを追加する場所（フォルダー）を右クリックします。

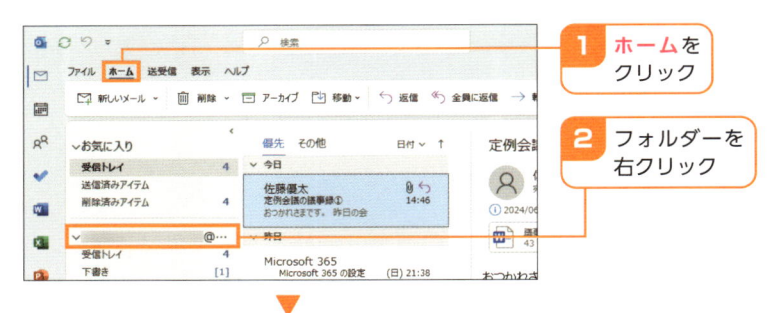

1 **ホーム**を クリック

2 フォルダーを 右クリック

フォルダーの作成をクリックします。

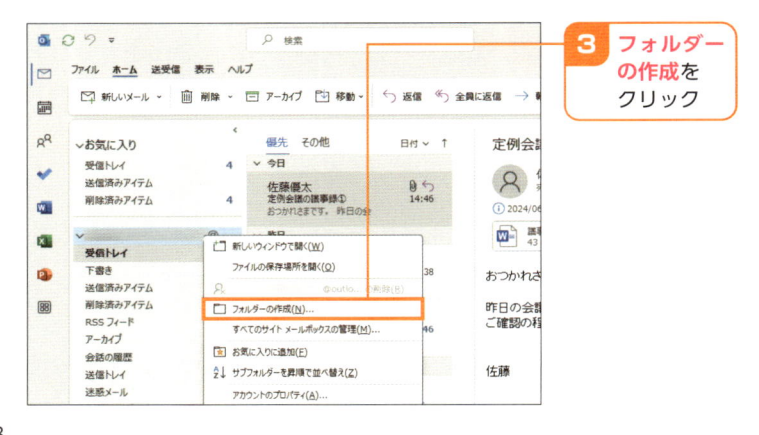

3 **フォルダー の作成**を クリック

フォルダー名を入力し、[Enter]を押します。

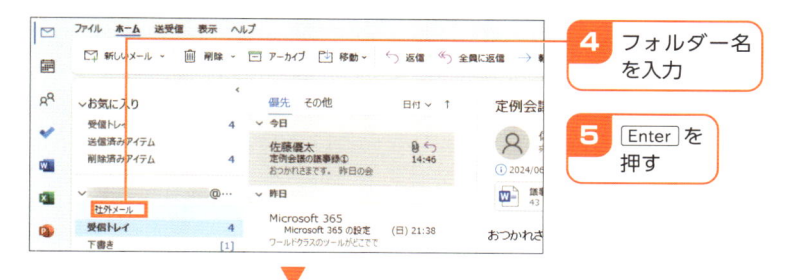

4 フォルダー名を入力

5 [Enter]を押す

新しいフォルダーが作成されます。

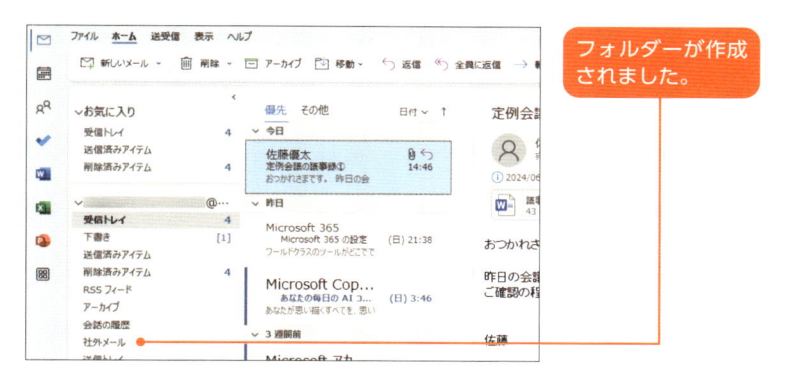

フォルダーが作成されました。

7

メール（Outlook）

Hint フォルダーにメールを移動する

フォルダーに移動したいメールを右クリックします。メニューが表示されるので、**移動**にマウスカーソルを合わせ、表示されるフォルダーをクリックすると、メールが移動します。**その他のフォルダー**をクリックすると、すべてのフォルダーを表示できます。

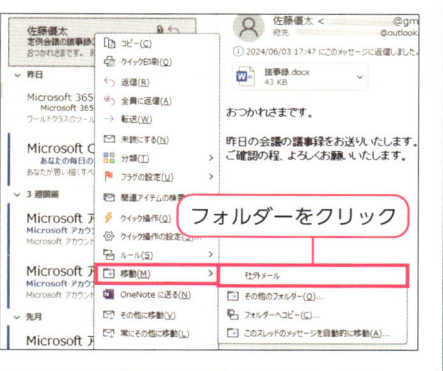

フォルダーをクリック

メールを検索する

Outlook内のメールは検索できます。画面上部の検索ボックスにキーワードを入力すると、関連するメールが候補として表示されるので、そこから確認します。

⚙ メールを検索する

Outlookを起動し、画面上部の検索ボックスをクリックします。

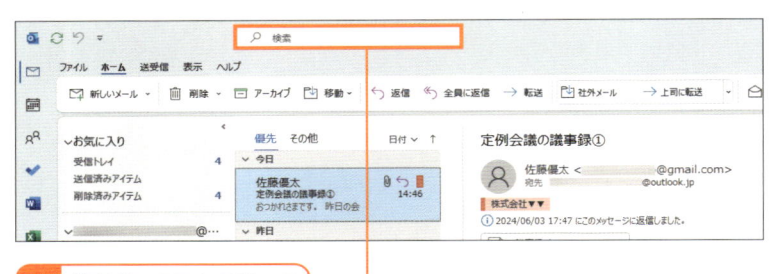

1 検索ボックスをクリック

左側に検索をかける場所が表示されます。現在設定されている場所をクリックします。

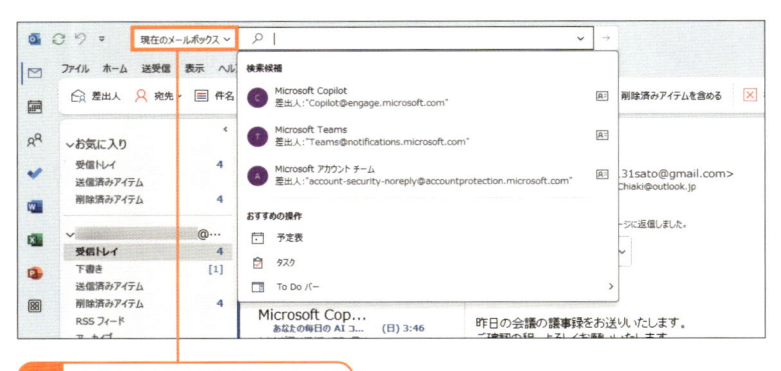

2 検索をかける場所をクリック

検索したい場所（ここでは**すべてのOutlookアイテム**）をクリックして選択します。

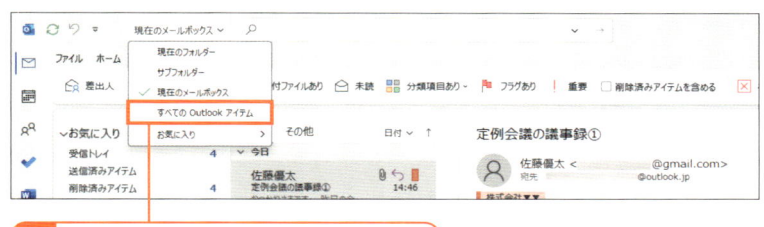

3 **すべてのOutlookアイテム**をクリック

検索ボックスにキーワードを入力すると、候補が表示されるので、目的のメールをクリックします。

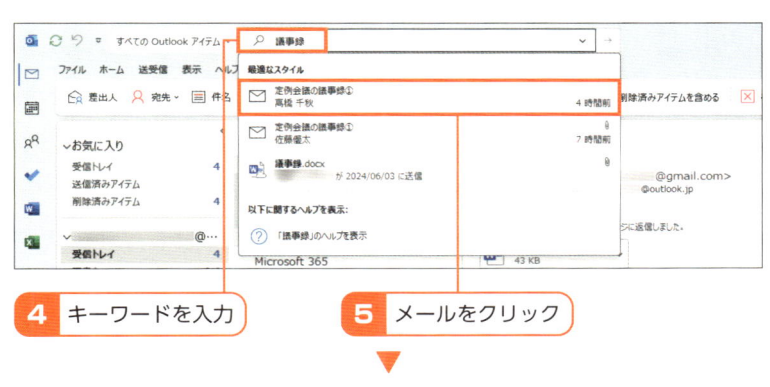

4 キーワードを入力　　　**5** メールをクリック

メールが開きます。

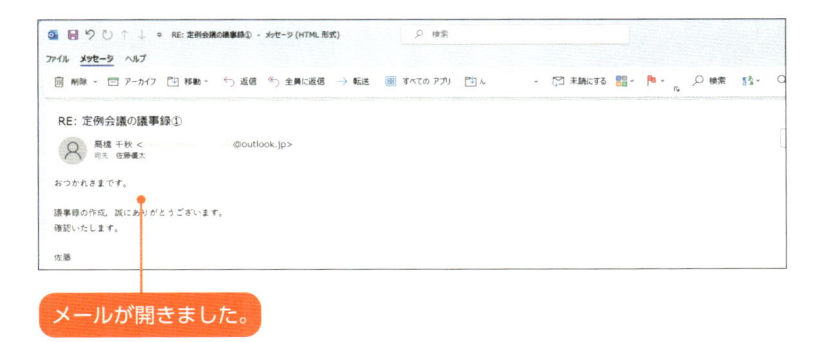

メールが開きました。

84 送信済みメールを確認する

自分が送信したメールは、「送信済みアイテム」フォルダーに振り分けられます。「送信トレイ」フォルダーと混合されることが多いですが、「送信トレイ」フォルダーは「下書き」フォルダーと同様に送信する前のメールが保存されています。

送信済みメールを確認する

Outlookを起動し、**ホーム**をクリックします。

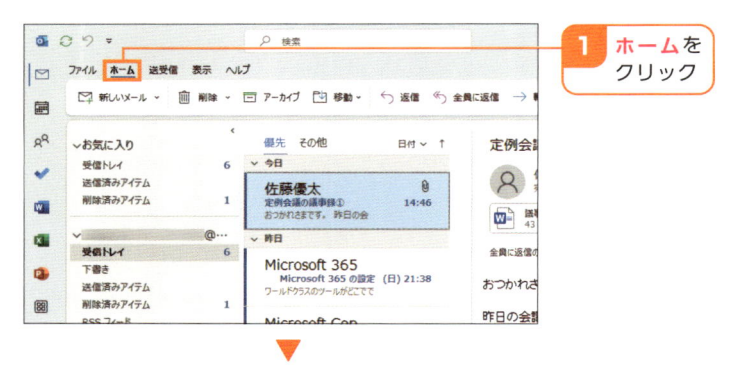

> **1** **ホーム**をクリック

送信済みアイテムをクリックします。

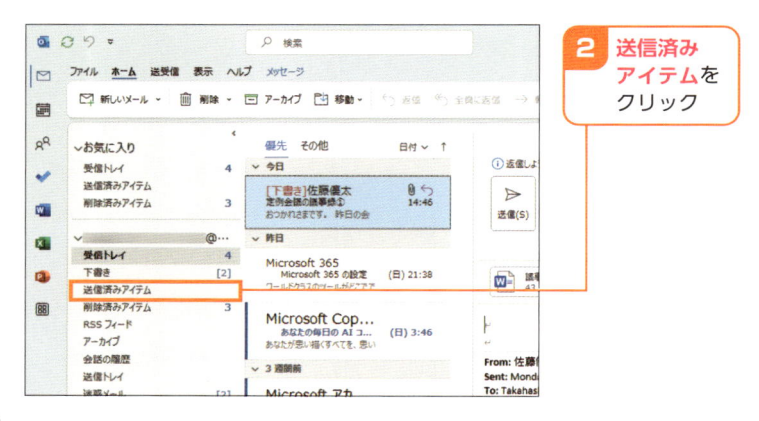

> **2** **送信済みアイテム**をクリック

送信したメールが一覧で表示されます。確認したいメールをクリックします。

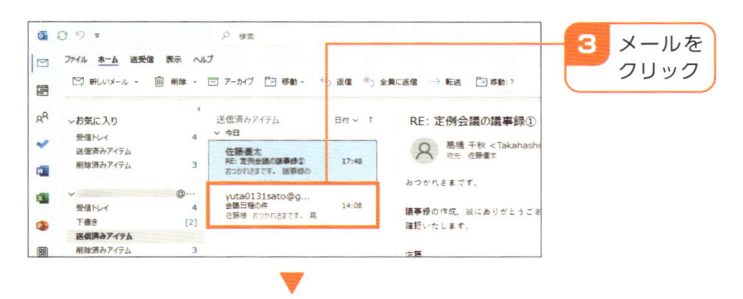

3 メールを
クリック

メールが開きます。

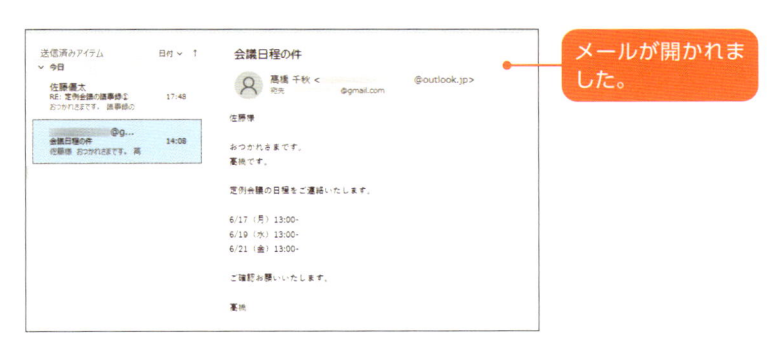

メールが開かれました。

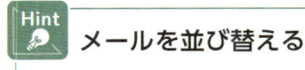

Hint メールを並び替える

ビューの上部に設定されている並べ替え（ここでは日付）**①**をクリックすると、メニューが表示されます。ここで選択した項目**②**の順番でメールが並び替えられます。

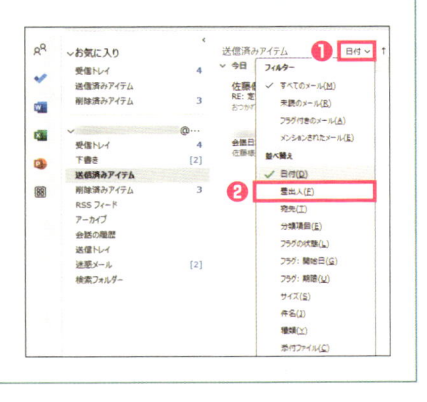

85 スケジュールを管理する

Outlookには予定表があります。予定の日程、時間、メモなどを追加することで予定表に反映され、スケジュールを管理できます。いつでも確認できる他、アラームで知らせてくれます。

▓ 予定を作成する

Outlookを起動し、「📅」をクリックします。

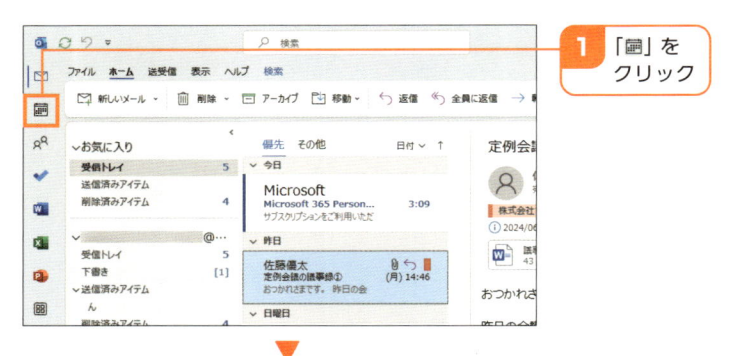

1 「📅」を
クリック

▼

予定表が表示されます。**ホーム**から**新しい予定**をクリックします。

2 **ホーム**を
クリック

3 **新しい予定**を
クリック

予定作成画面が表示されます。**タイトル**に予定名を入力し、「開始時刻」の日付の「🗓」をクリックして、開始日をクリックします。

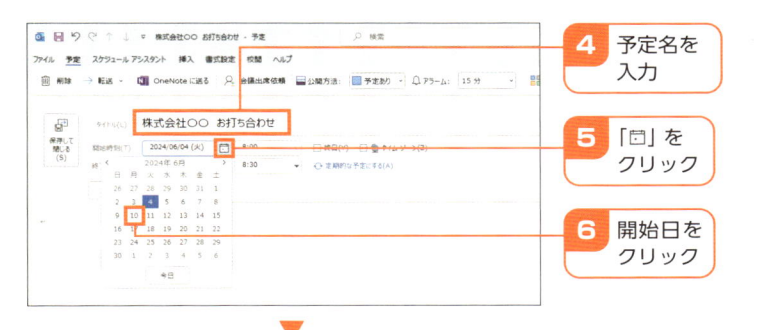

4 予定名を入力

5 「🗓」をクリック

6 開始日をクリック

「開始時刻」の時間の「▼」をクリックして、開始時間をクリックします。「終了時刻」も同様に設定し、任意で「場所」やメモを入力して**保存して閉じる**をクリックします。

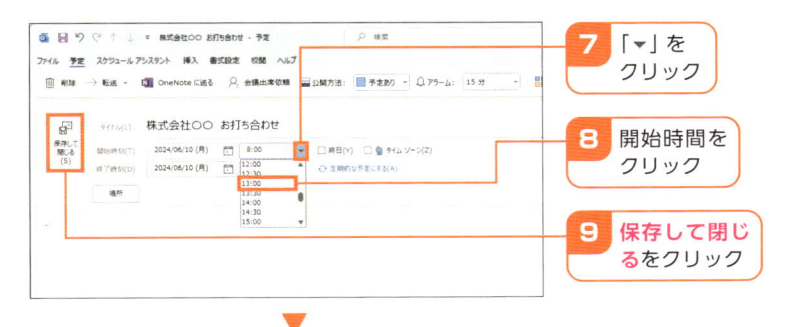

7 「▼」をクリック

8 開始時間をクリック

9 **保存して閉じる**をクリック

予定表に作成した予定が表示されます。

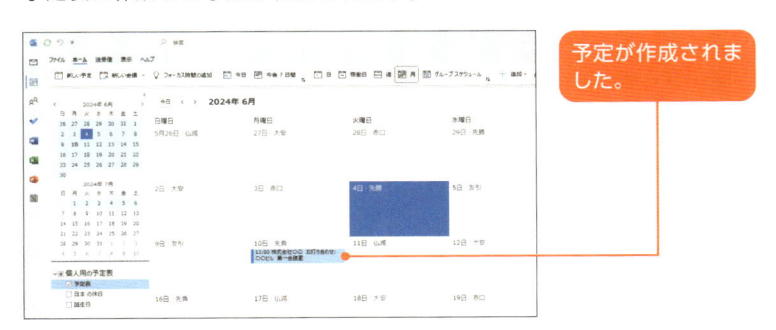

予定が作成されました。

86 会議通知を送る

会議の予定を作成する場合は、合わせて「会議出席依頼」を相手に送信することで、スケジュールを共有できると同時に相手のOutlookの予定表にも同じ予定を表示させることができます。

会議通知を送る

Outlookを起動し、「📧」をクリックします。

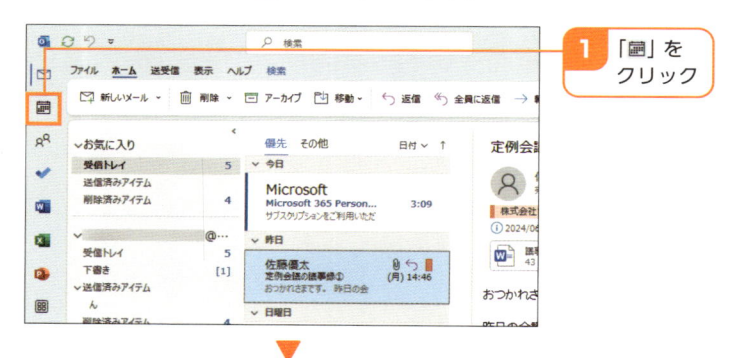

1 「📧」を
クリック

▼

ホームから**新しい会議**をクリックします。

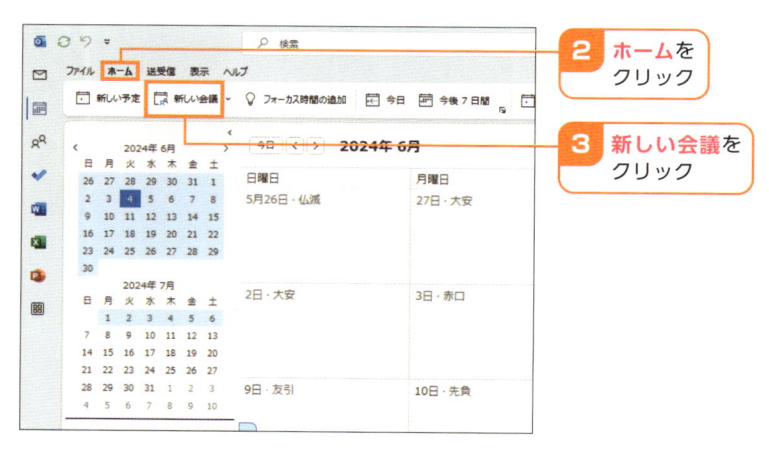

2 **ホーム**を
クリック

3 **新しい会議**を
クリック

会議作成画面が表示されたら、**タイトル**に会議名を入力して、**必須**をクリックします。会議への出席者の連絡先をクリックして選択したら、**必須出席者**をクリックして **OK** をクリックします。

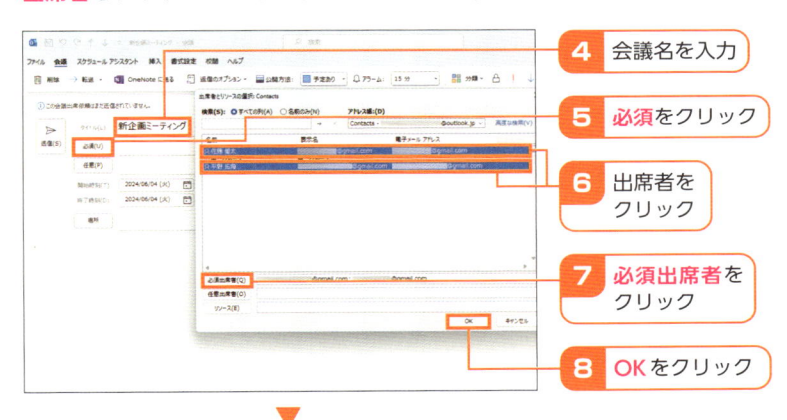

4 会議名を入力

5 **必須**をクリック

6 出席者を
クリック

7 **必須出席者**を
クリック

8 **OK** をクリック

185 ページを参考に日時や場所を設定し、**送信**をクリックします。

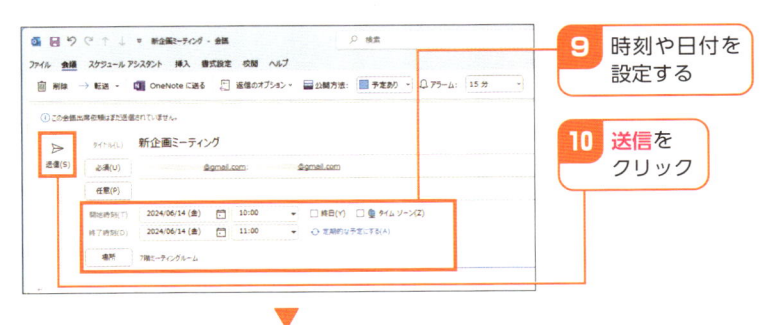

9 時刻や日付を
設定する

10 **送信**を
クリック

予定表に作成した会議が表示され、出席者にメールが送信されます。

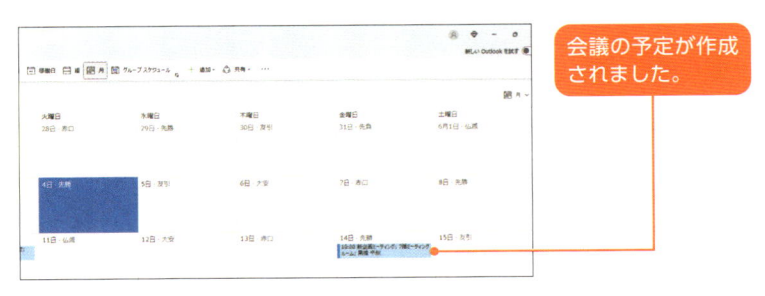

会議の予定が作成
されました。

Windowsで 使える ショートカットキー

`Ctrl` + `S`	ファイルを上書き保存する
`Ctrl` + `Z`	直前の操作を元に戻す
`Ctrl` + `Y`	元に戻した操作をやり直す
`Ctrl` + `C`	選択した文字をコピーする
`Ctrl` + `V`	コピーした文字を貼り付ける
`Ctrl` + `X`	選択した文字を切り取る
`⊞` + `C`	Copilotを起動する
`⊞` + `N`	通知センターを開く
`⊞` + `A`	クイック設定を開く

Shift + ↑ ↓ ← →	選択範囲を上下左右に移動する
⊞ + Tab	タスクビュー（仮想デスクトップ）を表示する
⊞ + Z	スナップレイアウトを表示する（アプリを起動した状態で実行）
⊞ + ↑ ↓ ← →	ウィンドウを移動（最大化、最小化、デスクトップの左右に寄せる）する
Alt + Tab	開いているアプリを切り替える
⊞ + L	Windowsをロックする
Ctrl + Shift + .	Microsoft Edge Copilotを起動する（Edgeを起動した状態で実行）
⊞	スタートメニューを開く/閉じる
⊞ + E	エクスプローラーを開く
Ctrl + N	新規ウィンドウを開く
⊞ + S	タスクバーの検索ボックスを開く
Ctrl + T	Webブラウザーで新しいタブを開く
Ctrl + Shift + T	Webブラウザーで最後に閉じたタブを開く

索引 index

本書の注意事項

・本書に掲載されている情報は、2024年8月現在のものです。本書の発行後にWindowsの機能や操作方法、画面が変更された場合は、本書の手順どおりに操作できなくなる可能性があります。

・本書に掲載されている画面や手順は一例であり、すべての環境で同様に動作することを保証するものではありません。利用環境によって、紙面とは異なる画面、異なる手順となる場合があります。

・読者固有の環境についてのお問い合わせ、本書の発行後に変更された項目についてのお問い合わせにはお答えできない場合があります。あらかじめご了承ください。

・本書に掲載されている手順以外についてのご質問は受け付けておりません。

・本書の内容に関するお問い合わせに際して、お電話によるお問い合わせはご遠慮ください。

著者紹介

青木 志保（あおき・しほ）

福岡県出身。大学在学時からテクノロジーに関する記事の執筆などで活動。
現在は、研修やワークショップ、セミナーの講師をしながら、ITライターとしても「誰にでもわかりやすい」をモットーに、執筆や情報発信を続けている。

・本書へのご意見・ご感想をお寄せください。
URL：https://isbn2.sbcr.jp/30560/

Windows 11の基本が学べる教科書

2024年 10月11日 初版第1刷発行

著者 ·························· 青木 志保
発行者 ······················ 出井 貴完
発行所 ······················ SBクリエイティブ株式会社
　　　　　　　　　　　　 〒105-0001 東京都港区虎ノ門 2-2-1
　　　　　　　　　　　　 https://www.sbcr.jp/
印刷・製本 ················ 株式会社シナノ
カバーデザイン ·········· 小口 翔平 + 畑中 茜（tobufune）

落丁本、乱丁本は小社営業部にてお取り替えいたします。

Printed in Japan ISBN 978-4-8156-3056-0